美好童年时光

# 妈妈给宝贝的 25款时尚裤装和裙子

日本宝库社　编著
郭　崇　译

河南科学技术出版社
·郑州·

Message

和伙伴们一起玩耍、在公园里到处跑、做自己喜欢的运动——孩子们就是这样度过快乐而忙碌的每一天的。

让我们用手工制作的衣服(裤子、裙子)为这些精力充沛的孩子们的每一天喝彩吧。用孩子们中意的颜色和花样、穿着舒适的布料做衣服给我们的孩子穿吧。

在本书中，我们编入了很多很实用的内容，有不少是基于同一纸型经过新的创意又可以做出适合男孩或者女孩等不同款式的衣服，这样我们不仅可以为同性的孩子们也能给异性的孩子们做出款式一样的兄妹装了。大部分作品都是以身高100~140cm的尺寸为标准介绍的，另外还介绍了尺寸为100~150cm的八款。

衷心地希望您能从中找到可以展示出孩子个性、让您满意的裤装或裙子……

# 目录

## 裤装



★→代表纸型中有150cm的尺寸

## 裙子

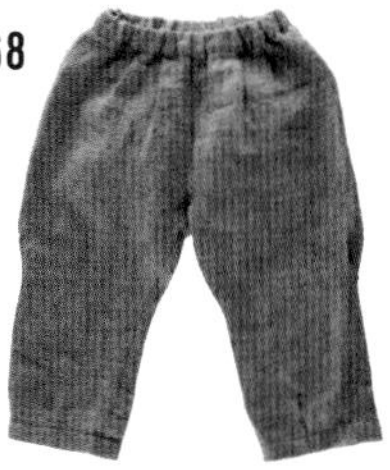

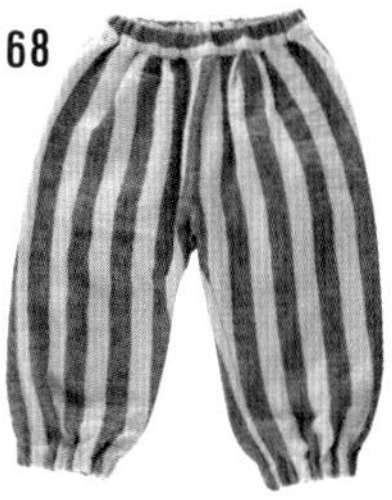

# 01

基本款

## 罗纹裤腰七分裤

百搭的格子图案搭配穿脱方便的松紧裤腰的七分裤。根据季节的不同使用相应的布料，一年四季都能享受这款衣服带给我们的舒适与快乐。

（变化款见 P7）

设计者：福田亚矢（AT MIGLI）

制作方法：P47

尺寸：100～150cm

# 02

变化款

## 带蝴蝶结的罗纹裤腰七分裤

用和作品 01 一样的纸型，在两个裤脚处分别做出了褶皱，然后装饰上蝴蝶结，就变成了适合小女孩穿的款式。鲜艳的碎花很受小女孩的喜爱。

设计者：福田亚矢( AT MIGLI )
制作方法：P47
尺寸：100~150cm

# 03

基本款

## 卷边五分裤

这款百搭的米黄色五分裤，卷边的设计凸显出了印花花纹，较为宽松的造型设计方便穿脱。（变化款见 P9）

设计者：西川阳子（Mii Mii）

制作方法：P50

尺寸：100～140cm

# 04

变化款

## 褶皱短裤

腰部用双层褶皱凸显可爱的一款短裤，用轻薄的印花面料，再加上用印花布做出的漂亮的褶边造型，很能打扮人。

设计者：西川阳子( Mii Mii )
制作方法：P50
尺寸：100～140cm

# 05

基本款

## 松紧裤脚的针织裤

方便穿脱的针织面料的裤子深受活泼可爱的孩子们的喜爱。较长的松紧裤脚，加上宽松的造型，尽显休闲与可爱。

（变化款见本页）

设计者：矢内纪子

制作方法：P53

尺寸：100～150cm

# 06

变化款

## 针织裤

将作品05基本款的长度变短，裤脚处用波点布进行点缀，牛仔针织布的正反面巧妙组合，可以产生不同效果。黄色比较适合女孩穿，尽显可爱。

设计者：矢内纪子

制作方法：P53

尺寸：100~150cm

## 07 水洗棉麻细条绒休闲裤

这是用深受欢迎的水洗棉麻细条绒布料做成的休闲裤。也可根据季节选择不同的质地的布料，制作适合一年四季穿的一款裤子。裤袋、裤襻等细节做工也很别致。

设计者：西川阳子( Mii Mii )
制作方法：P56
尺寸：100~140cm

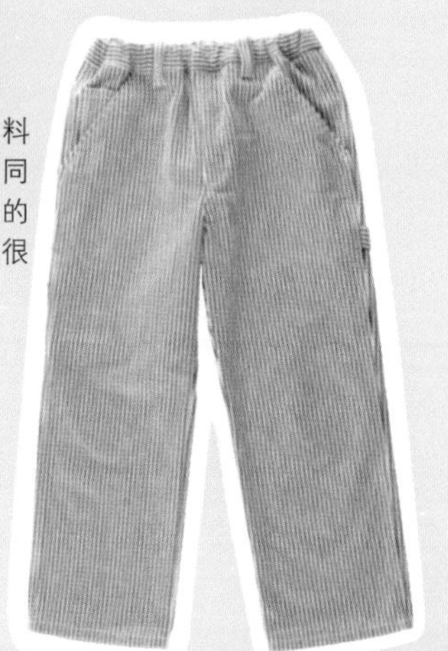

## 08 超短裤

用质地轻薄的牛仔布制作而成，翻边的设计和贯穿整个腰部的丝带显得很精巧别致。宽松的款式让这款衣服也可以和其他衣服搭配着穿。

设计者：西川阳子( Mii Mii )
制作方法：P58
尺寸：100~140cm

09

基本款

## 牧童裤

稍长的裤脚加上宽松造型的牧童裤，是由颜色漂亮的亚麻布制作而成的。带有褶皱造型的口袋也是一大亮点。

（变化款见P15）

设计者：佐藤裕子(Hooray)

制作方法：P60

尺寸：100~140cm

10

变化款

## 南瓜裤

这款可爱的南瓜裤是将作品09的裤腿变短，裤脚处是用褶皱花边造型制作成的。大大的花样图案也能设计出可爱的感觉。短裤两边的蝴蝶结也是一亮点。

设计者：佐藤裕子( Hooray )
制作方法：P60
尺寸：100~140cm

# 11

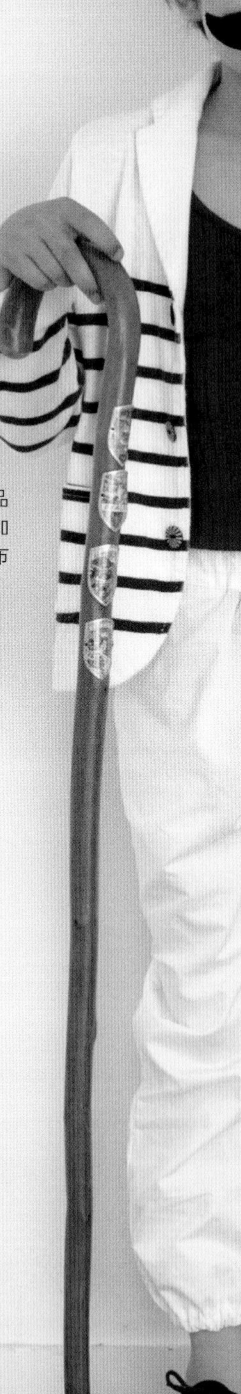

变化款

## 灯笼裤

用贡缎布做成的一款时尚长裤。和作品**12**属同一款式，区别只是在裤脚部分加上了松紧边。裤子的前后口袋使用不同布料做成也是一大特色。

设计者：佐藤裕子（Hooray）
制作方法：P63
尺寸：100~150cm

后面

基本款

## 直筒裤

用斜纹棉布做成的一款比较大众化的裤子。这款裤子在设计上方便穿脱，看起来显得典雅脱俗。

（变化款见 P16）

设计者：佐藤裕子( Hooray )

制作方法：P34

尺寸：100~150cm

12

13

## 针织裙

圆点图案很可爱，使用加厚针织面料制作而成。松紧带的腰带、带花边的裙摆。用来做裙子的布料应稍厚些。和打底裤一起搭配穿也很实用。

设计者：松野阳子
制作方法：P64
尺寸：100~140cm

## 百褶裙

用女孩子喜欢的粉红色底黑白相间的方格图案做成的一款百褶裙。从育克到裙摆部分加入褶皱，穿脱方便的设计，也适合外出穿。

设计者：松野阳子
制作方法：P66
尺寸：100~140cm

# 14

# 15

基本款

## 焦特马裤

腰部设计宽松，裤脚加入活褶的一款焦特马裤，给人好穿又时尚的感觉。瓦砾色的短裤比较适合男孩子穿。

设计者：enanna
制作方法：P68
尺寸：100~140cm

# 16

变化款

## 灯笼式八分裤

在作品 **15** 的基础上改良成松紧裤边、八分裤长短的一款灯笼裤。大胆地使用竖条纹亚麻布，给人留下深刻印象。

设计者：enanna
制作方法：P68
尺寸：100~140cm

# 17

基本款

## 牛仔裙

腰部使用罗纹布制作的牛仔裙，样式虽然简单，但很容易搭配，是一年四季都可以穿的款式。压线的颜色也很重要。
（变化款见右图）

设计者：矢内纪子
制作方法：P70
尺寸：100~140cm

# 18

变化款

## 裙裤

该款裙子和作品 **17** 属于同一样式，可以将罗纹裙腰和里面裤子缝合在一起。考虑怎样对齐裙子和裤子上的图案，也是一件很有趣的事情。

设计者：矢内纪子
制作方法：P70
尺寸：100~140cm

# 19

## 三段式节裙

三节飞扬的裙摆构成的节裙，柔和的格子布上加上大大的蝴蝶结造型。变化穿法可以作为便服也可作为外出服。

设计者：矢内纪子
制作方法：P64
尺寸：100~140cm

# 20

基本款

## 纽扣装饰五分裤

使用法国儿童服装常用的素雅的面料——时髦的亚麻斜纹布制作而成的五分裤。斜门襟的设计、加上前面的两排纽扣，尽显可爱。

设计者 :enanna
制作方法 :P72
尺寸 : 100~140cm

# 21

变化款

## 蝴蝶结装饰短裤

在作品 **20** 的基础上将裤脚进行滚边做出泡泡裤腿造型的一款短裤，在一侧再点缀上同样布料做成的蝴蝶结。薰衣草色尤显时尚。

设计者 :enanna
制作方法 :P72
尺寸 : 100~140cm

# 22

基本款

## 宽腿裤

穿起来方便舒适的宽腿裤，侧兜的兜盖采用格纹布做成。这款裤子很适合活泼爱动的孩子穿。

（变化款见 P29）

制作者：松野阳子

制作方法：P75

尺寸：100~150cm

# 23 变化款

## 背带裤

在作品 **22** 的基础上做成松紧裤脚并加上背带，是一款适合女孩子穿的裤子。肩带上可以装饰一层蕾丝花边。两边各缝上一个大口袋就更显可爱了。

制作者：松野阳子
制作方法：P75
尺寸：100~150cm

# 24
基本款

## 针织喇叭裤

用横条纹布的反面刷毛针织布做成的喇叭裤，穿起来脱俗雅致，又有修饰长腿的效果。在缝制前最好先确认一下裤腿的长度。
（变化款见P31）

设计者：福田亚矢(AT MIGLI)
制作方法：P78
尺寸：100~140cm

# 25
变化款

## 针织荷叶边七分裤

在作品24的基础上，七分裤长度的针织裤的裤脚做成褶皱花边的改良款。稍显花哨的圆点造型的针织布很适合给孩子做裤子。

设计者：福田亚矢(AT MIGLI)
制作方法：P78
尺寸：100~140cm

## 随心搭配

本书介绍的这些裤子和裙子大都是比较简单、易搭配的款式。选择好材料制作，会很耐穿又不过时。与不同衣服搭配有不同的感觉，并可穿出不一样的风格。下面介绍了几款不同的搭配组合供参考，你可以试着和现有的衣服搭搭看哦。

20

纽扣装饰五分裤

P26

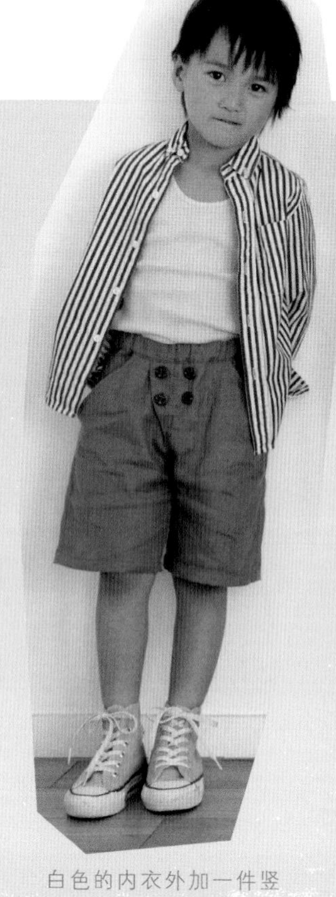

白色的内衣外加一件竖条纹衬衫，配上这款五分裤，穿出清爽的感觉。

乐谱图案凸显可爱的横条纹T恤衫配上这款五分裤，不失为一身时髦的打扮。

07

水洗棉麻细条绒休闲裤

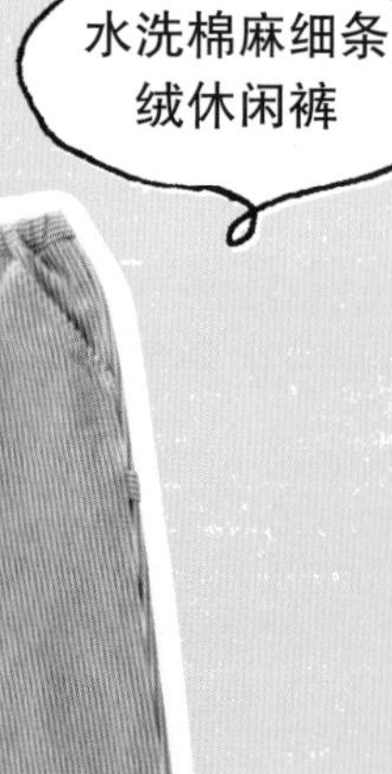

P12

结实的水洗棉麻细条绒布做成的这款休闲裤适合一年四季穿。搭配长袖或短袖T恤穿都可以。

上边搭配一款简单的灰色T恤，很显男孩气质。

夏天搭配一款无袖上衣和一双运动鞋不失为一身休闲的打扮。

搭配装饰有荷叶边的上衣、配上一项时尚的帽子和一款小皮鞋，出门穿也不错哦。

上衣搭配一件横纹T恤，外加一件法式夹克衫，穿出休闲轻便的运动感。

头戴一项方巾，脚穿一款粉色舞鞋，穿出可爱粉嫩的效果。

## 12 试着做条直筒裤吧

作品★P17 实物大纸型C面

这款传统的直筒裤线条非常清晰，该讲主要介绍了正面口袋、育克、腰部等的做法，通过该课程我们也可以做出像作品11（P16）的变化款的裤子。初学做衣服的你也可以做做看哦。

材料
※尺寸：100/110/120/130/140/150cm
使用布：（褐米黄色弹力粗斜纹布）125cm×80/90/100/130/140/150cm
另布：（条绒棉）110cm×30cm
松紧带：2cm×46/49/51/53/56/58cm
单胶条形黏合衬：0.9cm×30cm
成品尺寸
裤长：57.7/65.7/72.6/79.6/86/92.6cm

裁剪图
使用布

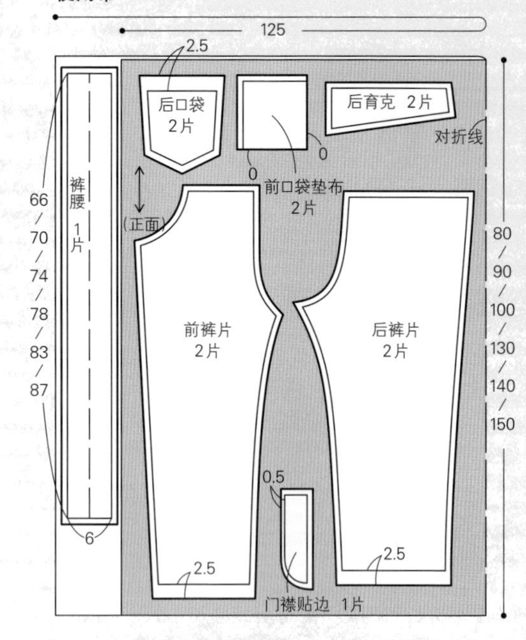


※尺寸为100/110/120/130/140/150cm
※除指定外缝份均为1cm
※前裤片口袋口处贴上单胶条形黏合衬

另布

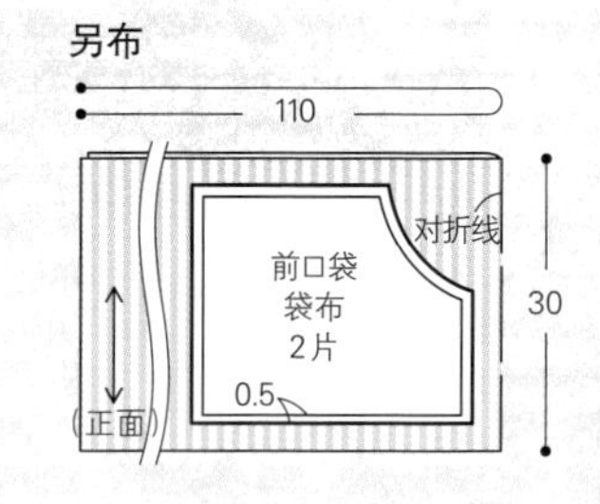


### 1. 裁剪

❶ 参照P41制作带有缝份的纸型，参照右上方的裁剪图，正面相对将纸型用珠针固定在对折的布上进行裁剪。

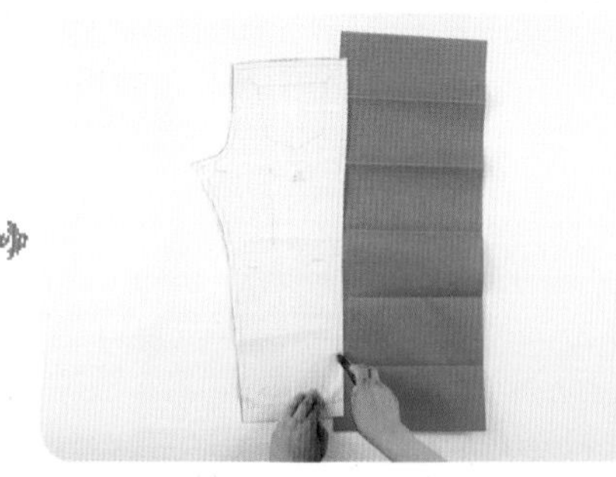

❷在两块布之间夹入布用复写纸，用轮刀画上完成线。

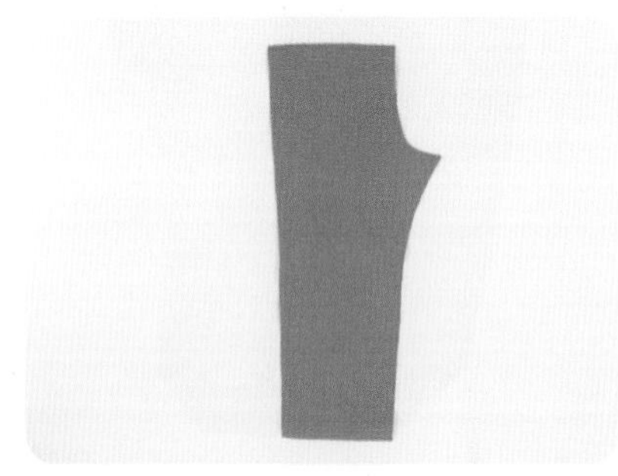

❸布上出现了记号。

❹提前画好口袋等的位置。

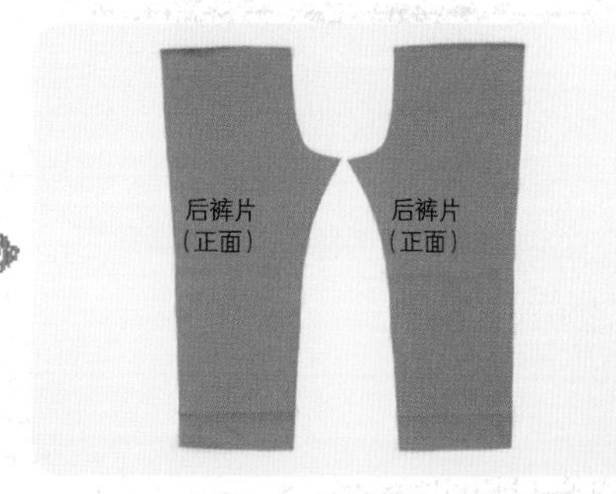


❺通过对样确认裤片前后、左右对称。

※注：制作图中未标明单位的尺寸均以厘米（cm）为单位。

## 2.在前裤片上缝上口袋

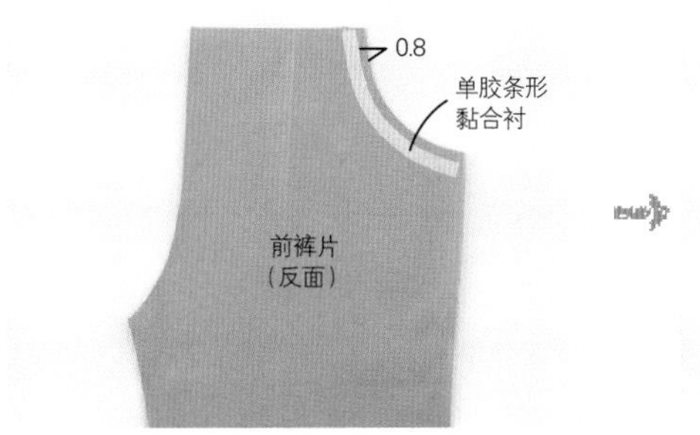


❶在前裤片的口袋口处贴上单胶条形黏合衬。

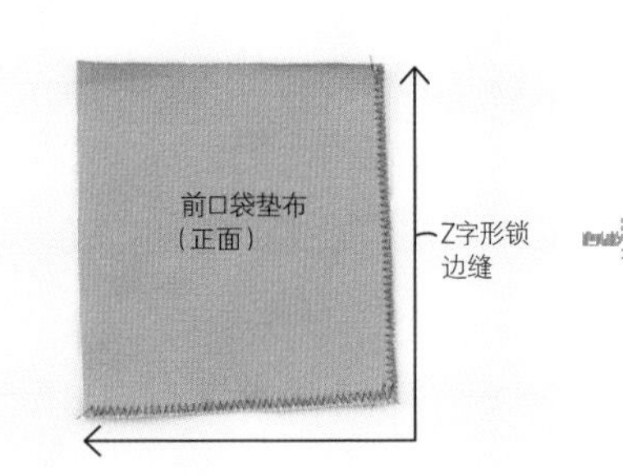


❷把前口袋垫布的两边Z字形锁边缝。

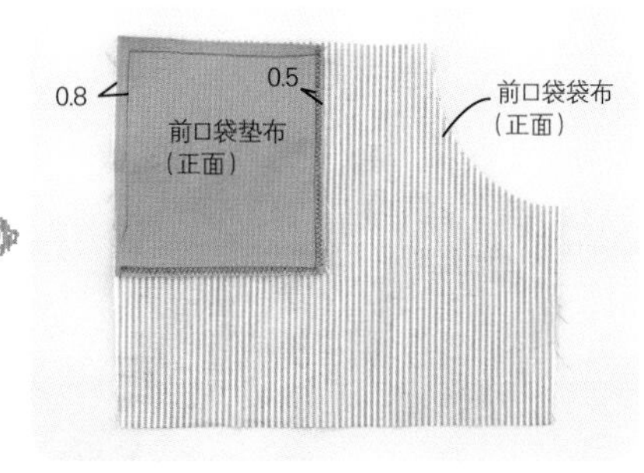


❸将前口袋袋布和前口袋垫布重叠，在四周缝制。

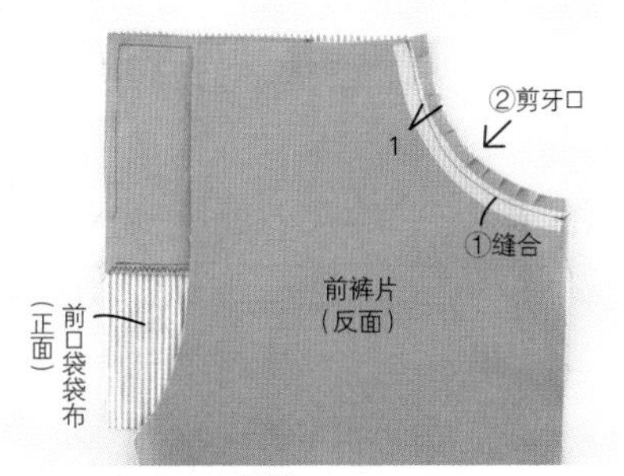


❹将前裤片和前口袋袋布正面相对对齐缝合，缝份处剪牙口。

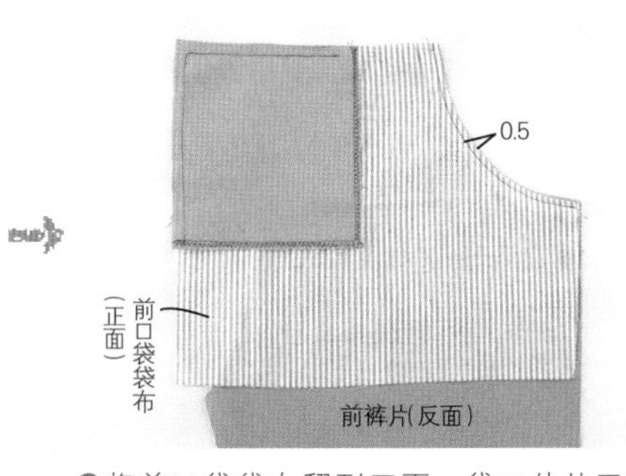


❺将前口袋袋布翻到正面，袋口处从正面再次压线。

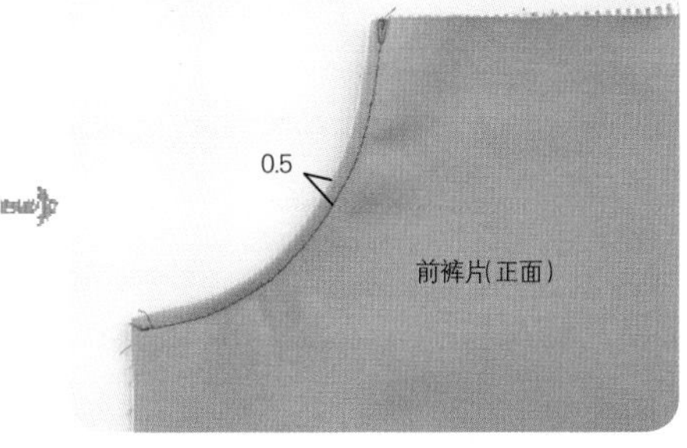


❻前口袋口就做好了，用同样方法再做一个。

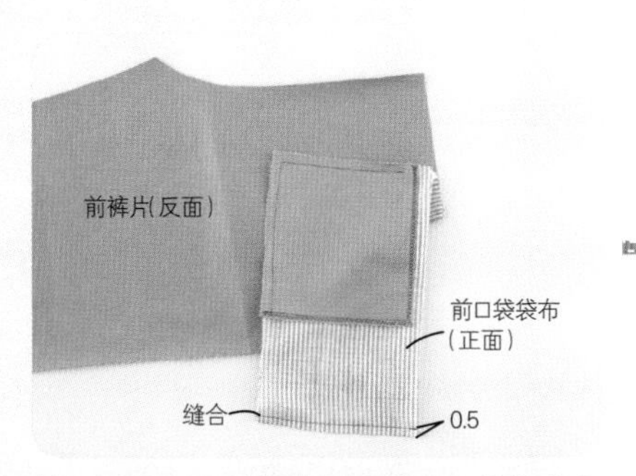


❼将前口袋袋布背面相对对折，缝合袋底。

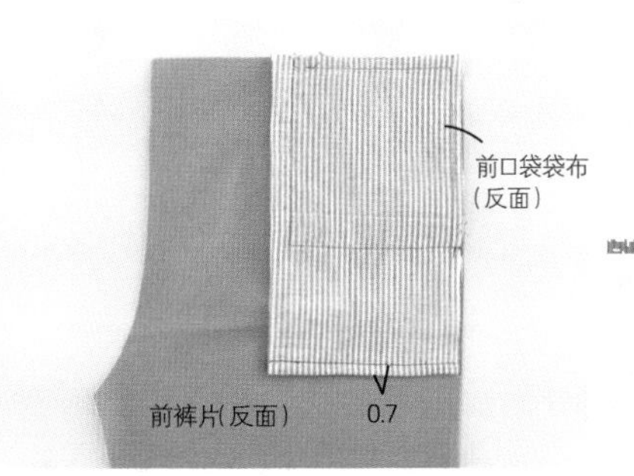


❽将前口袋袋布翻回来再次加固袋底。

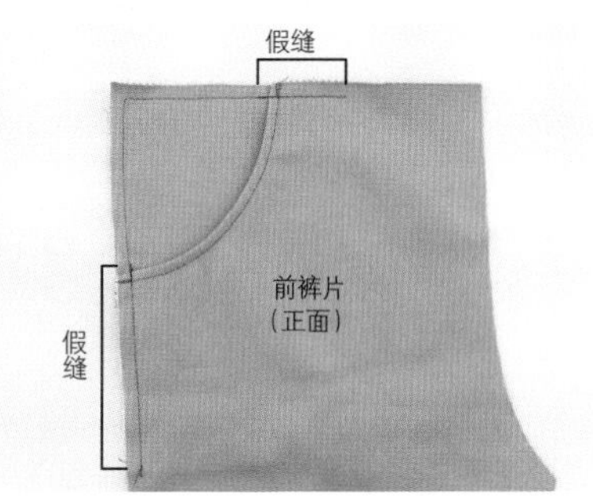


❾将前口袋袋布假缝至前裤片上，用同样方法做好另一个。

## 3. 在后裤片上缝制口袋

❶后口袋的周围（除袋口）Z 字形锁边缝。

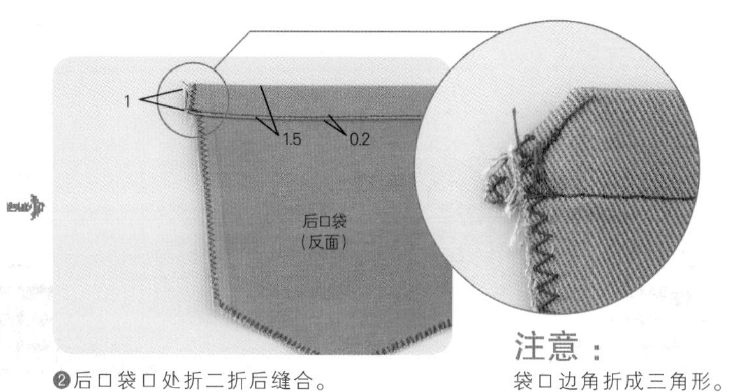


❷后口袋口处折二折后缝合。

**注意：**
袋口边角折成三角形。

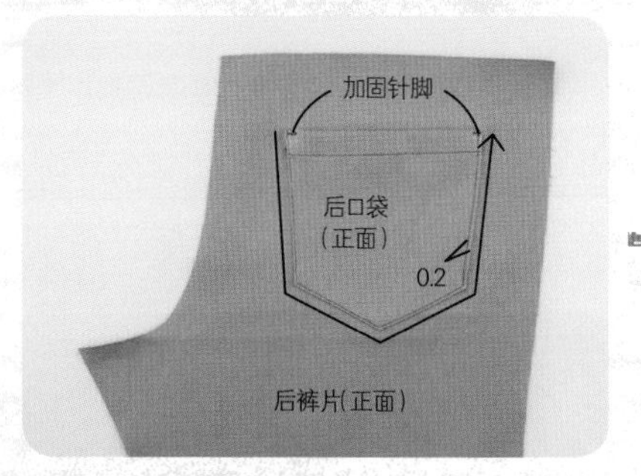


❸将后口袋的缝份折进去用熨斗熨平，缝到后裤片上，袋口处加固针脚。

## 4. 后裤片上缝制后育克

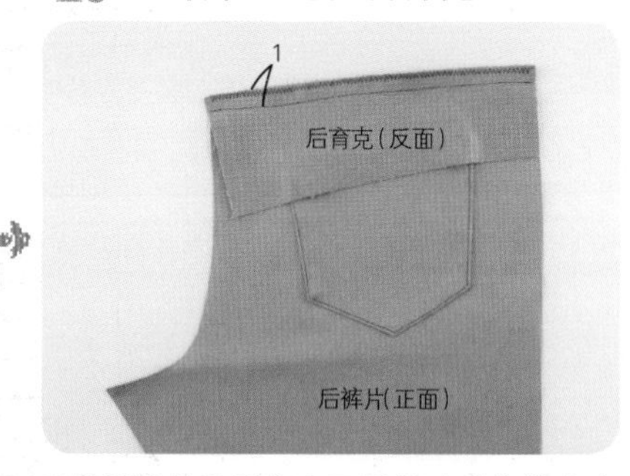


❶将后裤片和后育克正面相对对齐缝合在一起，然后将 2 片缝份一起 Z 字形锁边缝。

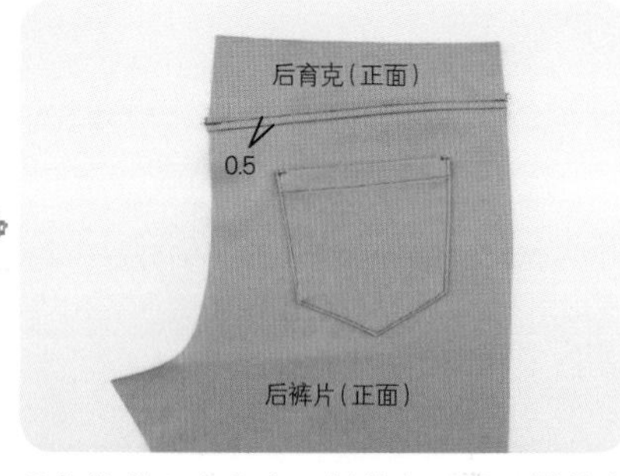


❷将缝份压向育克一侧缝合。用同样的方法再做一个。

## 5. 缝制后上裆

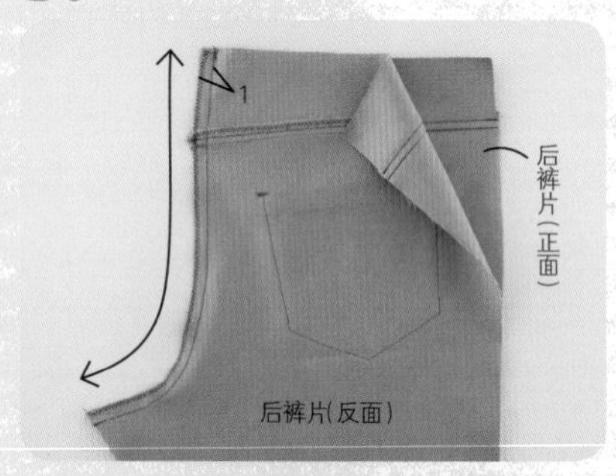


❶2 片后裤片正面相对缝合后上裆，2 片缝份一起 Z 字形锁边缝。

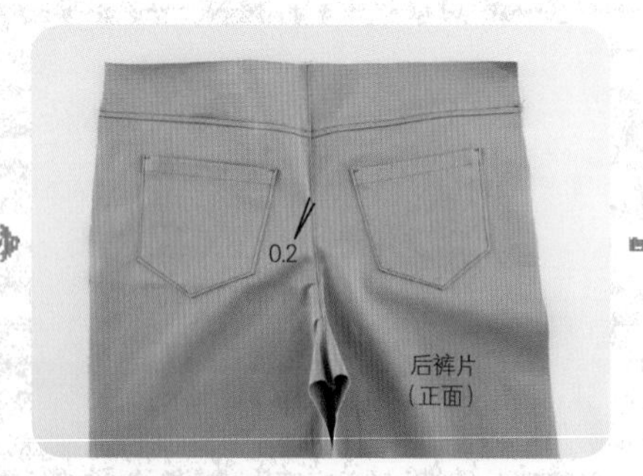


❷缝份向左后裤片一侧倒，正面压一道明线。

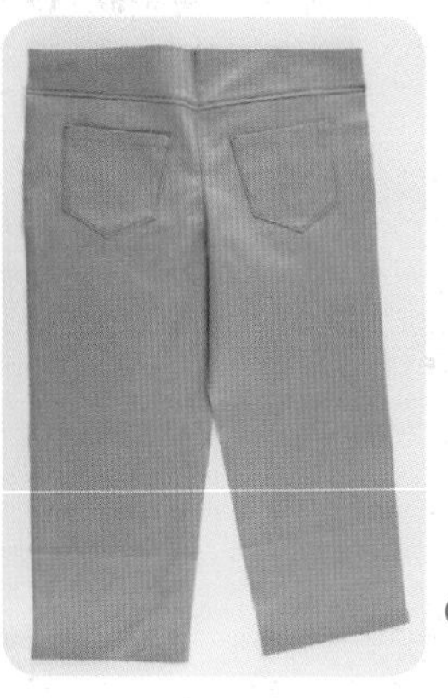

❸裤子后片就做好了。

## 6. 缝制前上裆

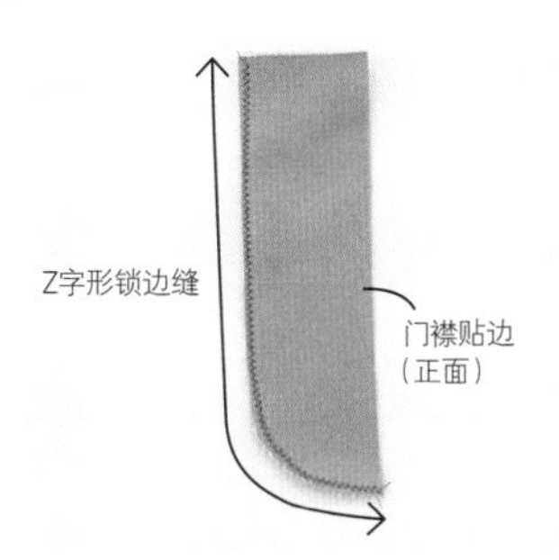


❶门襟贴边 Z 字形锁边缝。

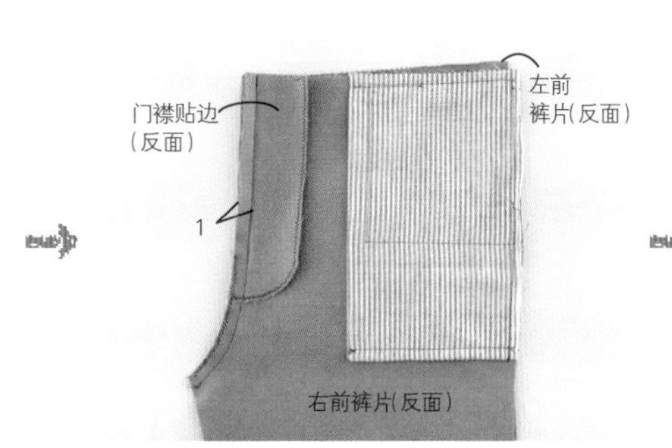


❷将 2 片前裤片正面相对缝合，同时将门襟贴边与前裤片（腰头和带弧度的一边）对齐，然后缝制前上裆。

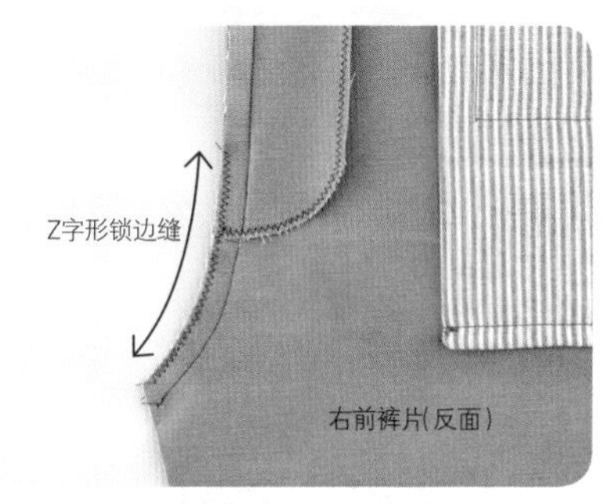


❸前上裆的下半部分 Z 字形锁边缝。

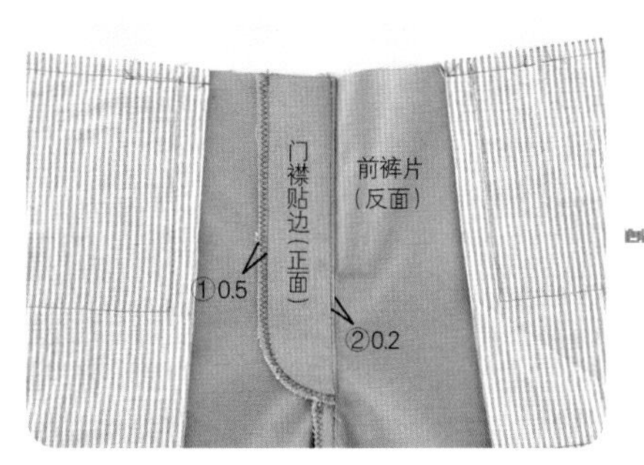


❹将门襟贴边翻到正面，然后将门襟贴边和前上裆接缝处从正面压一道明线。

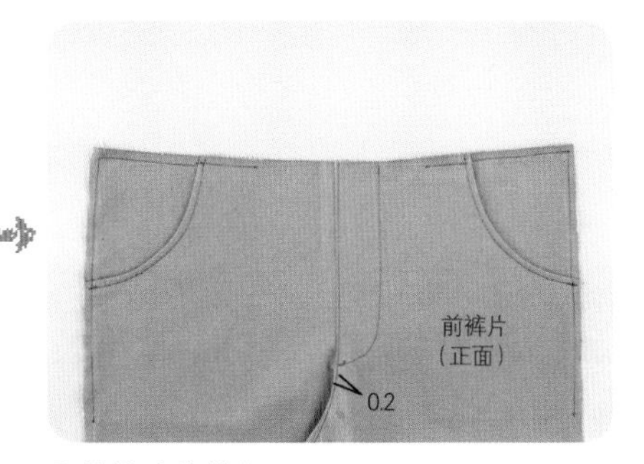


❺前裤片就做好了。

## 7. 做裤脚

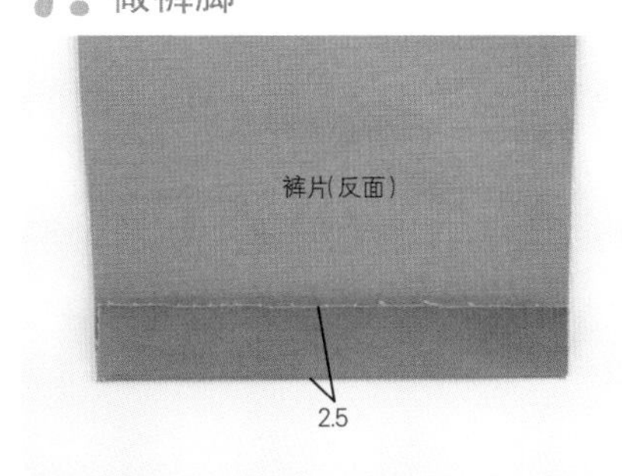


将前、后裤片的裤脚处分别折上去约 2.5cm 后用熨斗熨平。

## 8. 缝制下裆

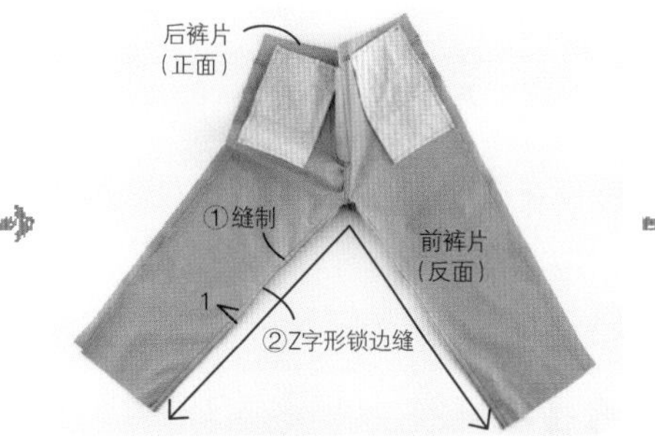


❶前、后裤片正面相对缝合下裆，2 片缝份一起做 Z 字形锁边缝。

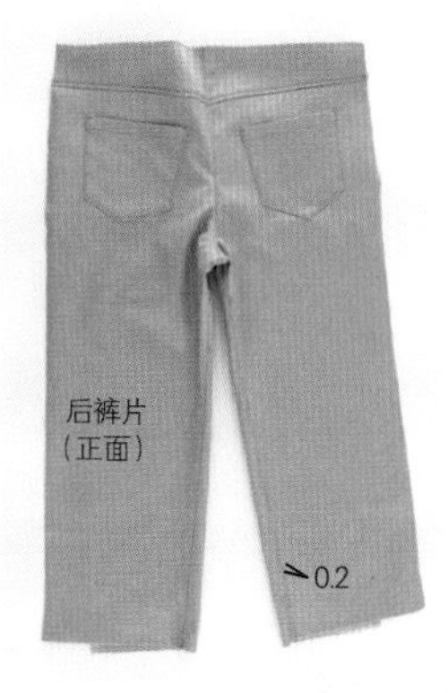


❷将缝份倒向后面沿下裆压一道明线。

## 9. 缝合侧缝

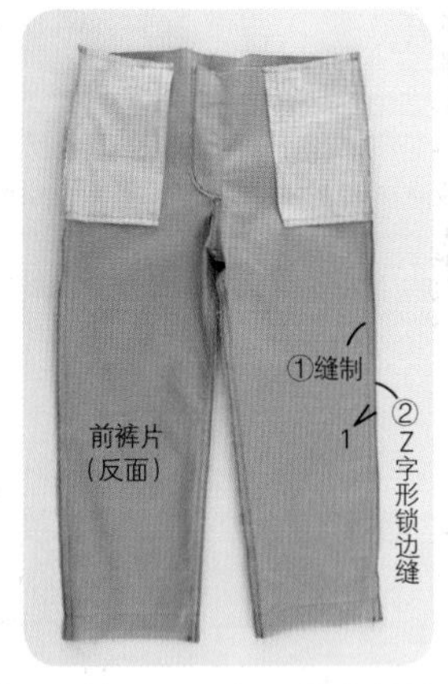


❶将前、后裤片正面相对缝合侧缝，然后2片缝份一起Z字形锁边缝。

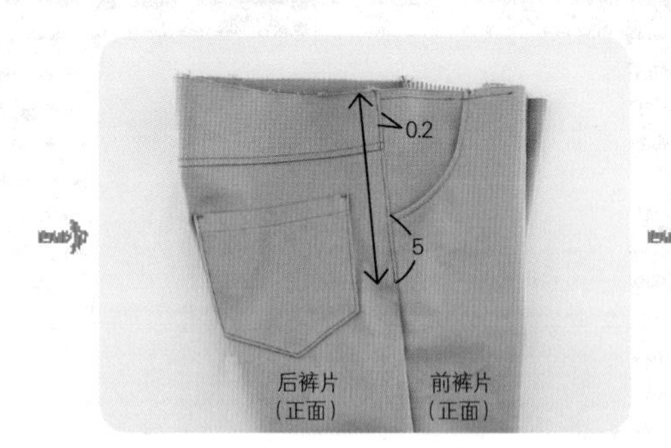


❷侧缝的缝份倒向后裤片，并压一道明线至前口袋口下方5cm处。

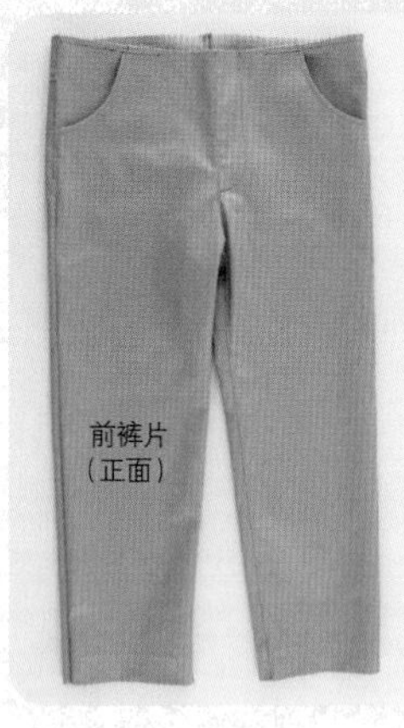


❸侧缝做好了。

## 10. 缝制裤腰

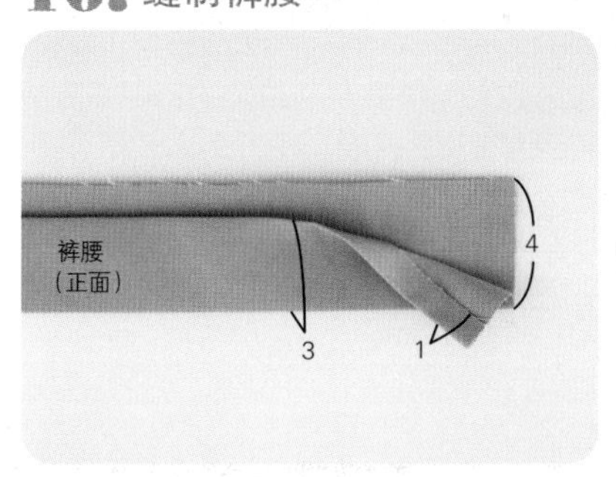


❶将裤腰正面相对对折并用熨斗熨平，然后将一侧的缝份向内折1cm。

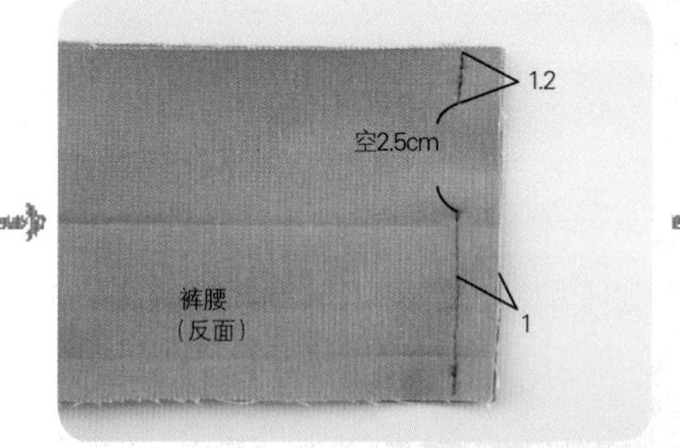


❷打开折痕、正面相对，在没有折痕的一侧留出穿松紧带的位置，将裤腰两头对接缝制成圈。

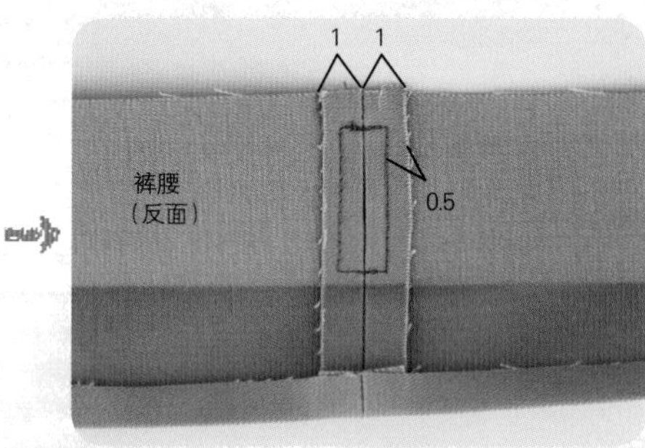


❸将缝份分开，并在松紧带口的周围压一道明线。

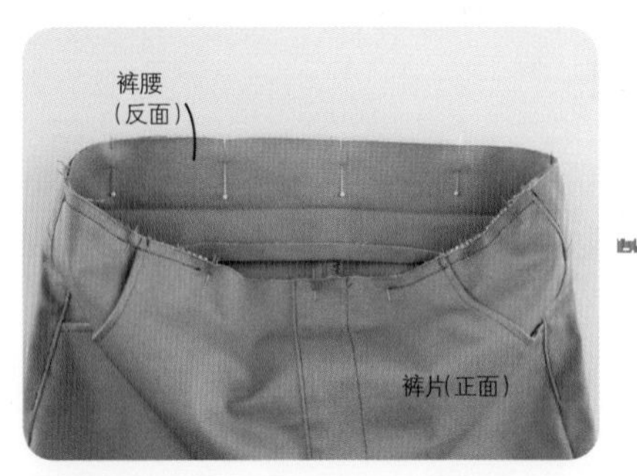


❹将裤腰置于裤片内侧，腰头和裤子的腰线平齐，并保持裤腰的接缝和左侧缝对齐，然后用珠针固定。

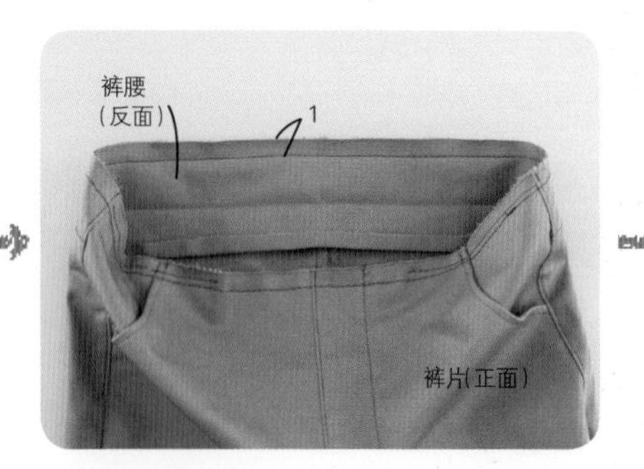


❺将裤腰缝到裤片上。

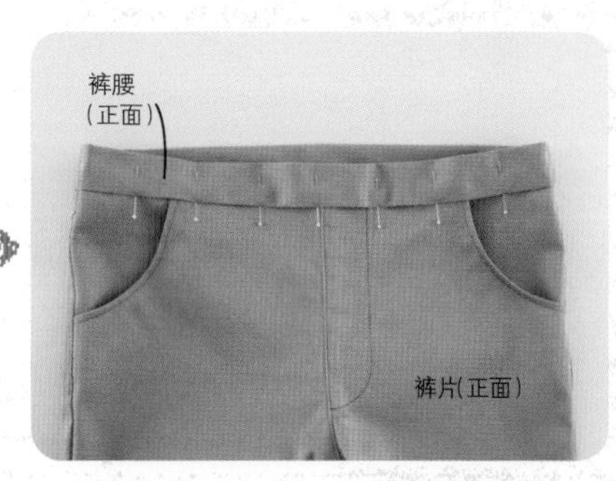


❻将裤腰翻到正面，用珠针固定。

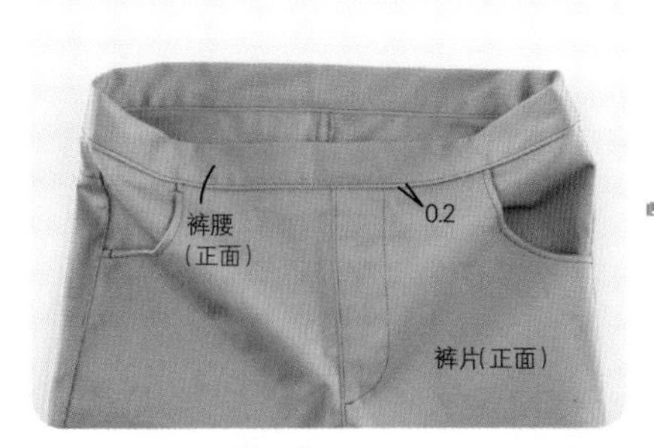


❼从正面压一道明线。

❽缝制时注意针脚。

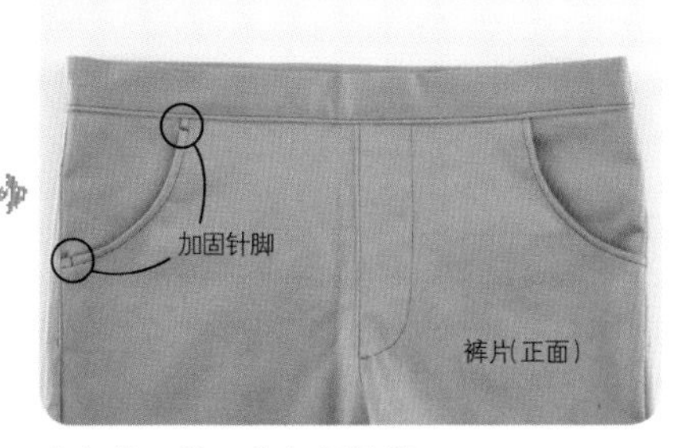


❾在前口袋口处加固针脚。

## 11. 穿松紧带

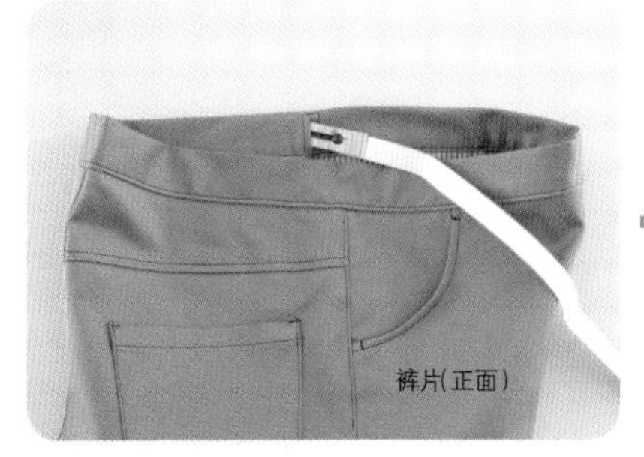


❶从预留的松紧带穿口的位置用穿绳器夹着松紧带穿入。

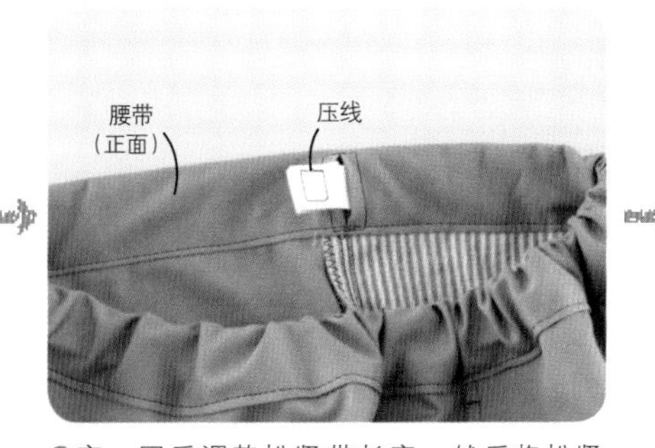


❷穿一圈后调整松紧带长度，然后将松紧带两端压线固定，缝合在一起。

## 12. 缝裤脚

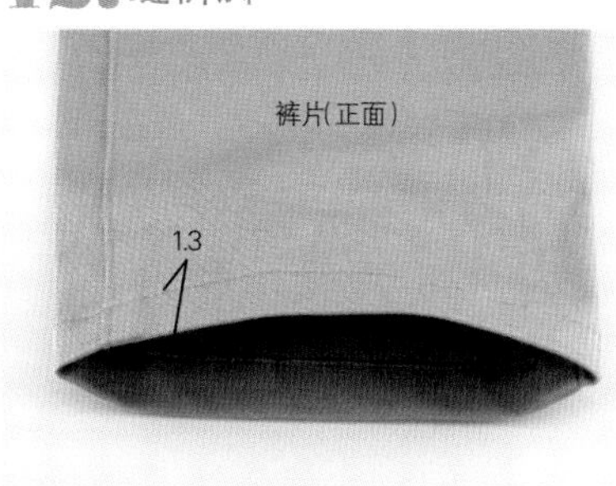


将裤脚分别折 1cm 和 1.5cm 二折，然后缝合。

(前面)

(后面)

# 缝纫的基础知识

## ★作品的尺寸

本书中所有作品都是以100~140cm中的5个尺寸(如右图)为基准介绍的。
其中8款(01、02、05、06、11、12、22、23)还介绍了150cm的尺寸,
可以做出6个尺码的衣服。
参考尺寸表并结合着孩子的身高选择合适的尺寸。

| 尺寸 | 100 | 110 | 120 | 130 | 140 | 150 |
|---|---|---|---|---|---|---|
| 身高 | 95~105 | 105~115 | 115~125 | 125~135 | 135~145 | 145~155 |

(单位:cm)

## ★裤子和裙子的部位名称

制作方法中所出现的裤子和裙子的各部位名称。

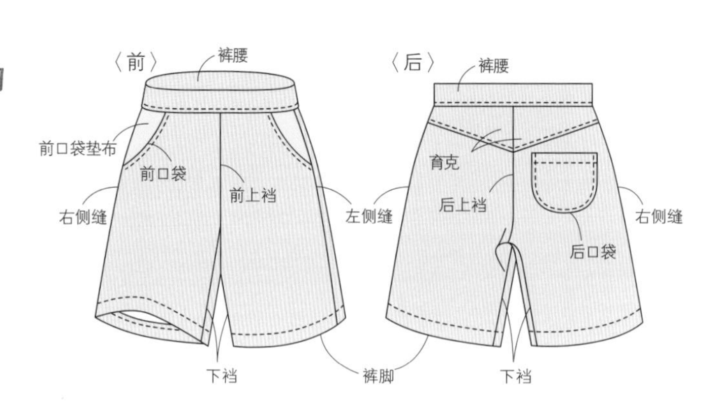


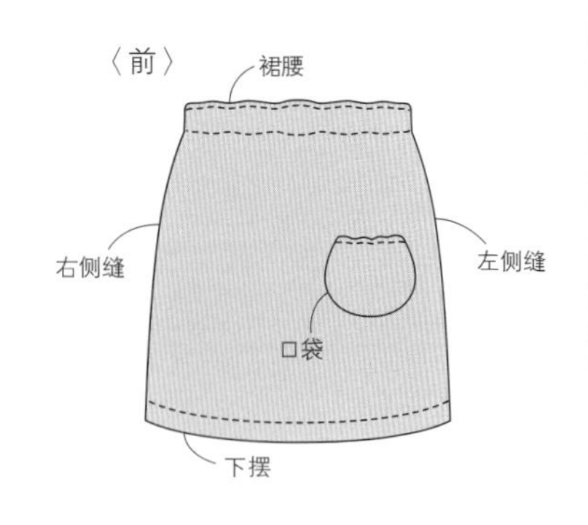


## ★缝纫用语

对齐记号
缝合两片以上的布时为防止错位而做的记号,缝制时使牙口吻合进行缝合。

裁剪
不加缝份按照尺寸直接裁剪。

车缝固定
需要特别缝牢的地方用小针脚缝合。

对折线
将布对折时的折痕部分。

正面相对和反面相对
正面相对:两块布正面对正面的叠合方式。
反面相对:两块布反面对反面的叠合方式。

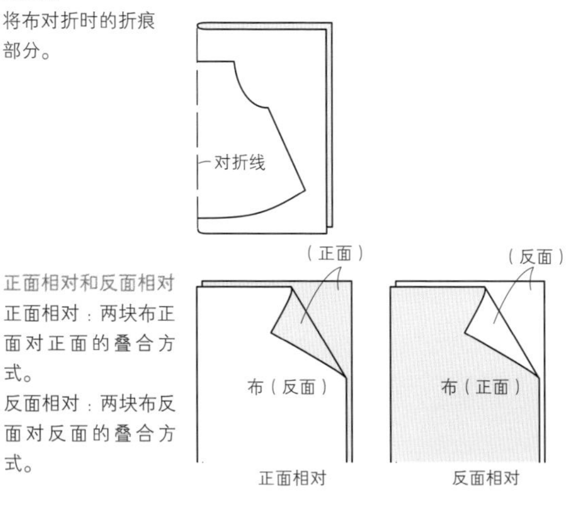


缝份
也叫窝边,缝合时在布料边缘预留出的部分。

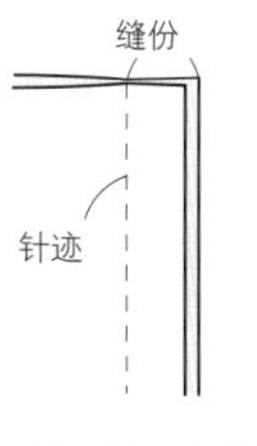


倒向一侧(左图)
2片缝份一起向一侧倒。

分开缝份
让缝份左右分开。

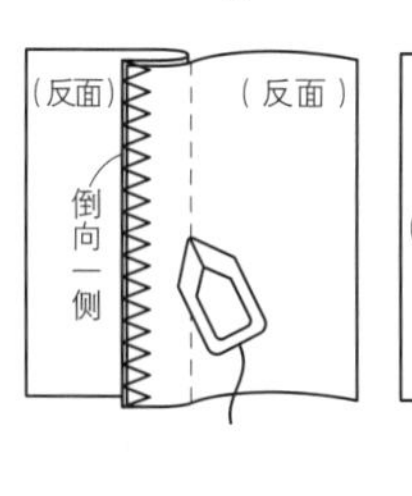


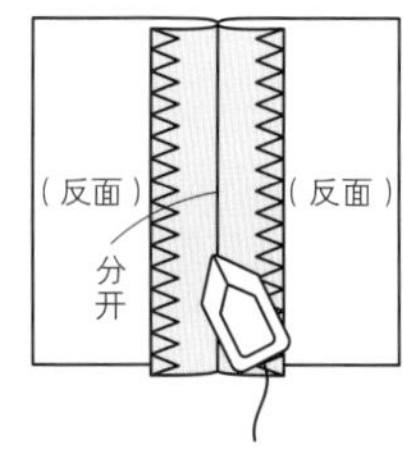


折一折和折二折
处理下摆、裤脚或者是腰头部位布料的常用方法。
折一折是指将缝份按一定宽度折边一次。
折二折是指在折一次的基础上再折边一次。

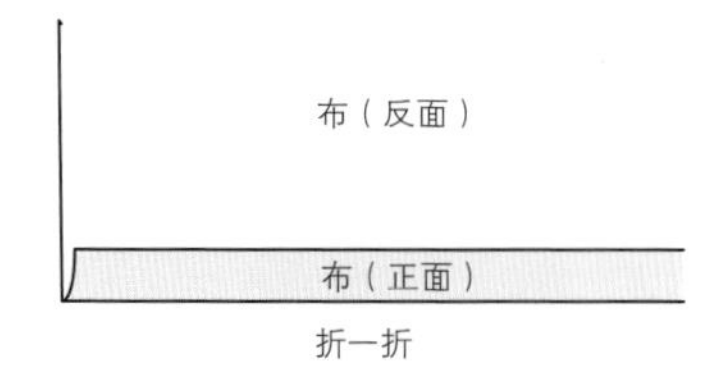


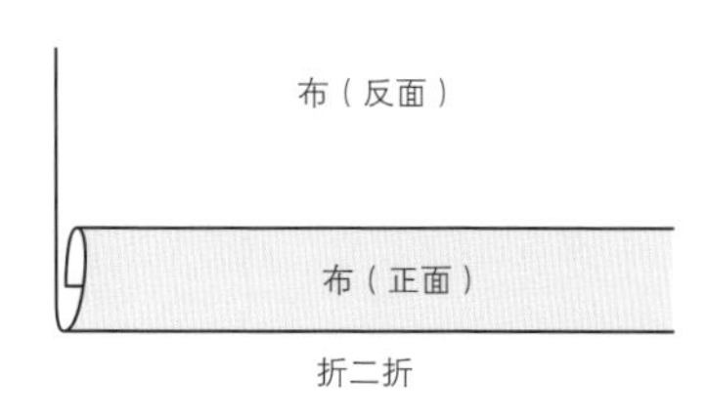


## ★纸型的符号

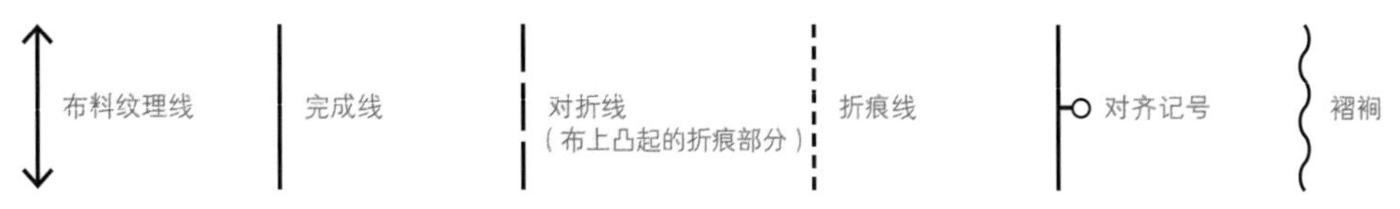

## ★缝纫针和缝纫线

用缝纫机缝纫时请选用与布料质地匹配的缝纫针和缝纫线（如下图）。

缝纫针型号越大针越粗。用于针织布时请选用专用的针（与普通质地布料所用的针相比多为圆头针）和线（具有伸缩性）。

## ★关于缝纫机

基本的缝纫方法就是家用缝纫机的直线缝和锯齿缝缝法。从用布头练习开始就要不急躁，应以一定的速度进行缝纫。比较厚的地方可以借助锥子，就会比较好缝了。

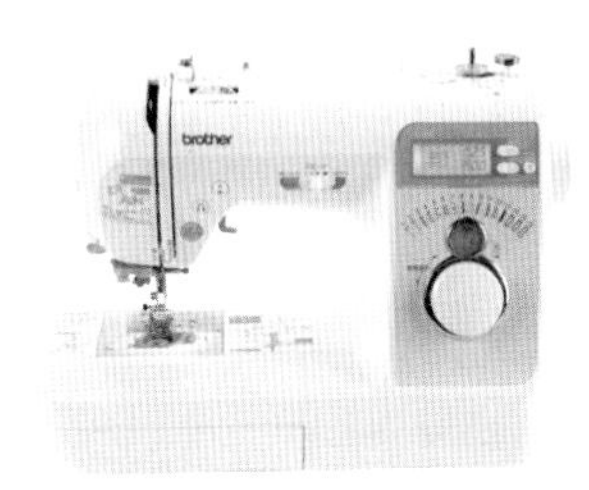


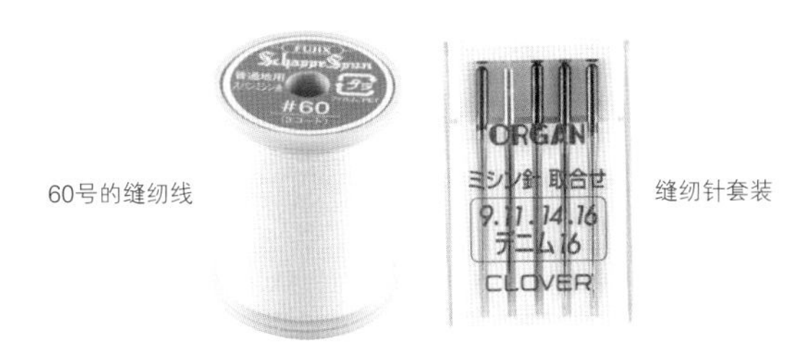


60号的缝纫线

缝纫针套装

| 布的种类 | 缝纫针 | 缝纫线 |
|---|---|---|
| 轻薄质地（平纹棉布） | 9号 | 90号 |
| 普通~较厚质地（如斜纹棉布、条绒布、棉麻布、亚麻布等） | 11号 | 60号 |
| 厚质地（如牛仔布） | 14号 | 30号 |
| 针织布(如针织加厚布、里毛布） | 针织专用针 9号、11号 | 针织专用线 |

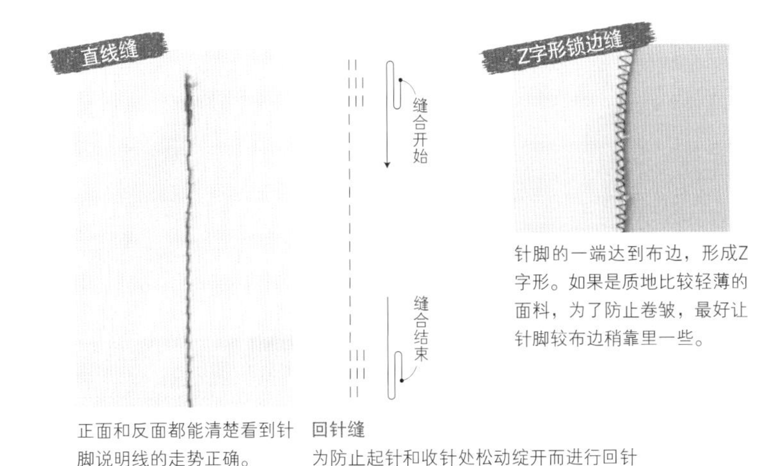


正面和反面都能清楚看到针脚说明线的走势正确。

回针缝

为防止起针和收针处松动绽开而进行回针的缝法，具体而言就是缝两三针后再沿同一条线折回再缝的缝纫方法。

针脚的一端达到布边，形成Z字形。如果是质地比较轻薄的面料，为了防止卷皱，最好让针脚较布边稍靠里一些。

## ★纸型的制作方法

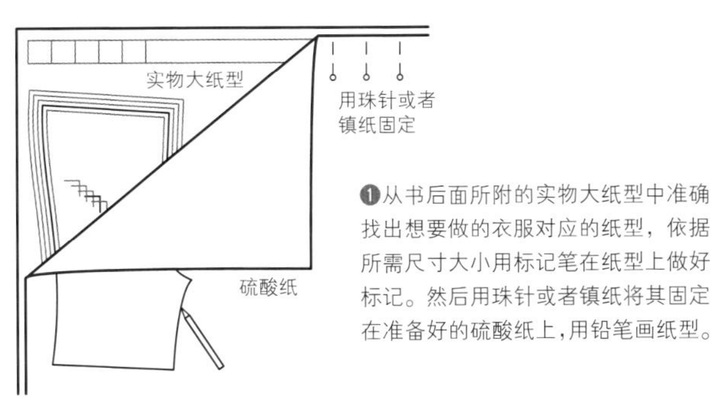


❶从书后面所附的实物大纸型中准确找出想要做的衣服对应的纸型，依据所需尺寸大小用标记笔在纸型上做好标记。然后用珠针或者镇纸将其固定在准备好的硫酸纸上，用铅笔画纸型。

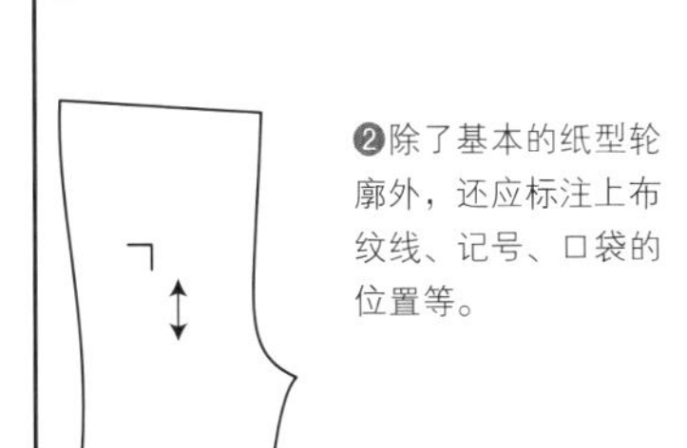

❷除了基本的纸型轮廓外，还应标注上布纹线、记号、口袋的位置等。

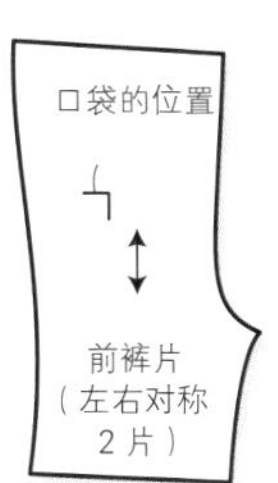


❸沿着纸型上的线用剪刀进行裁剪，各部分的名称和数量最好也标注在上面。

熟悉掌握后请继续向下看：

## ★带有缝份的纸型的制作方法

本书P34开始的基础教程主要介绍了一些使用带有缝份的实物大纸型进行手工制作的方法。制作缝份纸型并以包含此缝份的纸型来裁剪布料，就可以大致以缝纫针板上的记号为准进行缝纫，从而可以提高缝纫效率。那么接下来就来看看下面带有缝份的纸型的制作方法吧。

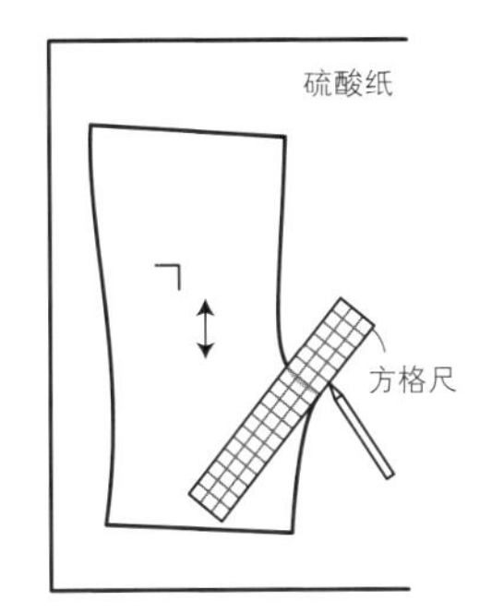


❶同上在硫酸纸上固定的实物大纸型上画好所需纸型，先不要裁剪，参照裁剪纸型，使用方格尺在纸型周围必要的地方画上标示缝份位置的线。

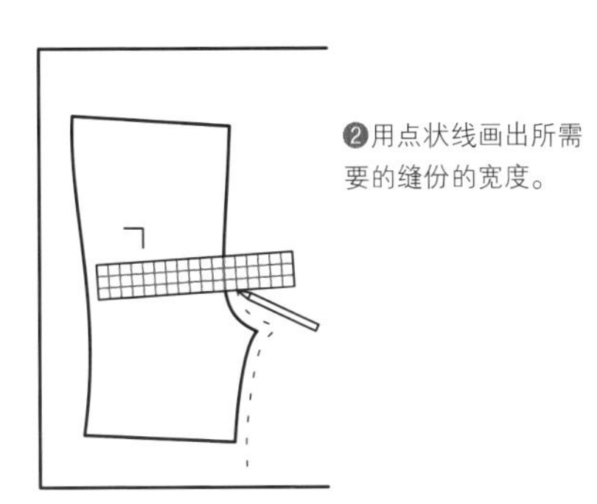

❷用点状线画出所需要的缝份的宽度。

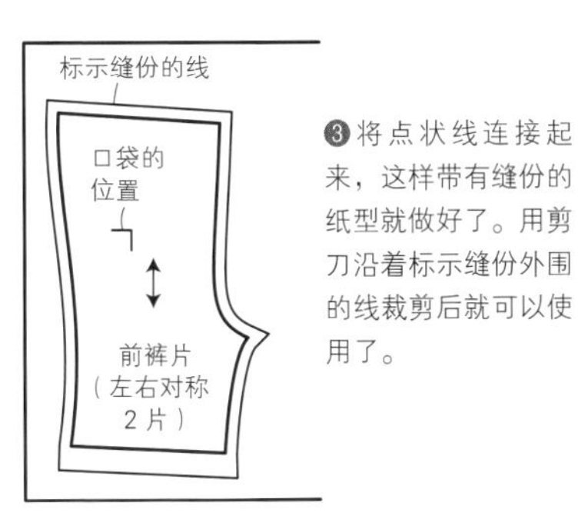


❸将点状线连接起来，这样带有缝份的纸型就做好了。用剪刀沿着标示缝份外围的线裁剪后就可以使用了。

## ★适合给孩子做裤子和裙子的布料及相关知识

易缝制又结实、好清洗的布料适宜给孩子做裤子和裙子，我们可以从纺织布料（以棉、麻或棉麻混纺等制成的布料）和针织布（有弹性的原料织成的布料）等布料里选择和我们的设计风格相匹配的布料。

### 布料的种类

质地较薄有弹力，织法结实的格子布。因质地为棉，所以接触皮肤很舒服并且好清洗。

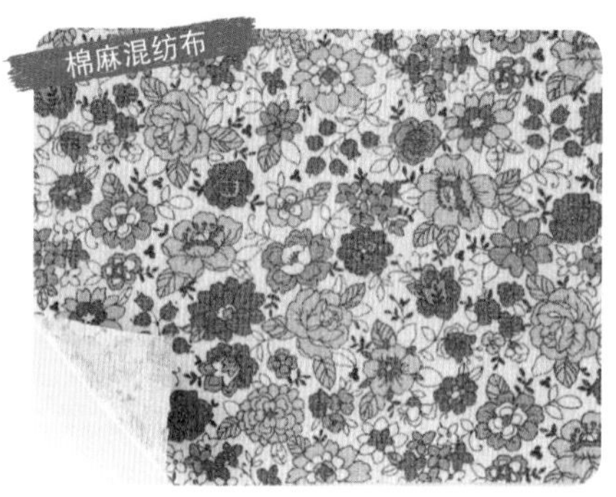


由棉和麻混合加工而成的给人舒适手感和自然感觉的一种中等厚度的面料，因为进行了水洗加工，所以手感比较柔和、易缝制。

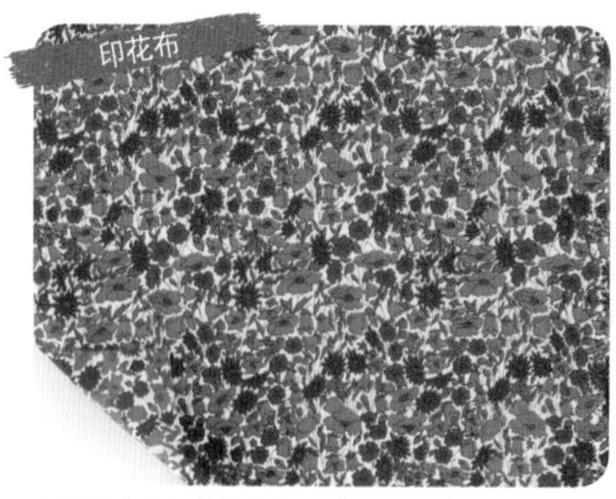


色彩漂亮的印花图案很受欢迎，质地柔软轻薄的上等细布很适合外出场合，缝制该面料是需用轻薄面料专用的针和线。

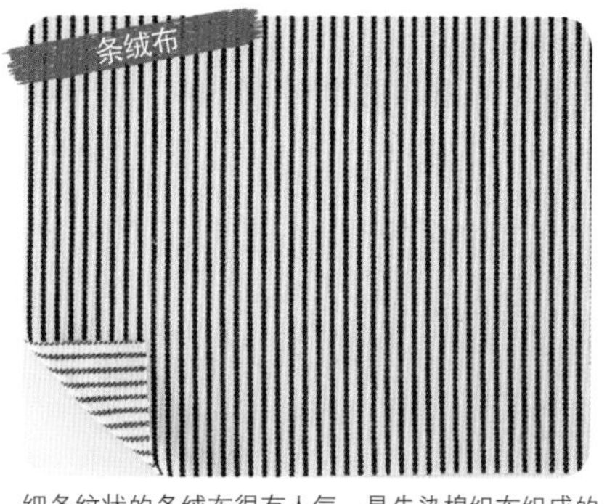


细条纹状的条绒布很有人气，是先染棉织布织成的牛仔布的一种，结实又雅致，很适合做裤子。

是很适合做牛仔裤的一种布料。厚度不一，不太厚又比较柔软的布料易缝制且又好穿。

弹力十足的棉质面料，虽然有些薄，但采用缎纹就像能在布上打字般，名字由此而来。

棱纹状的棉织布，织出来的斜纹能在布料上清楚看出来。又厚又结实，很适合做裤子。

平织的亚麻质地的布料，厚度不一，但结实又易缝。彩色的或是印染的亚麻布也很有魅力。

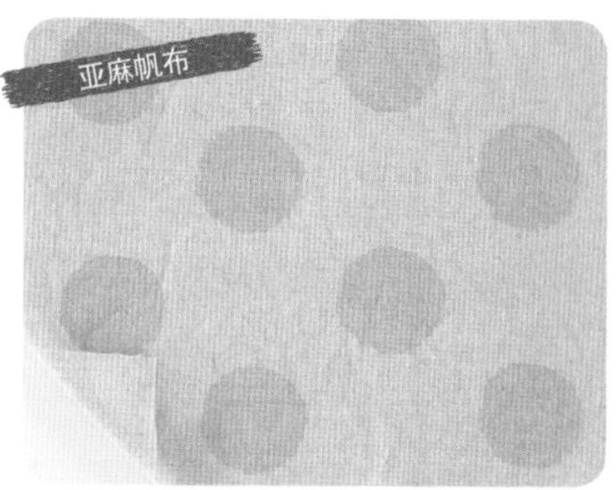


棉、麻平织而成的一种布料，质地较薄，很容易吸引人的眼球。比较结实，所以很适合做裤子。

色织方格布

多色织出纹路规整的格子花纹的一种布料，可以是棉质、棉麻质地、亚麻质地等很多种，格子的大小也有很多种类。

最初是指印度马德拉斯地区织出的格子布。现在可用于指代所有颜色鲜艳易上色的各种宽度的格子布，质地薄用来做夏季衣服也很合适。

该布料为较牛仔布轻薄的棉质布料。经过漂白纬纱和染色经纱织成。可用于制作衬衣。

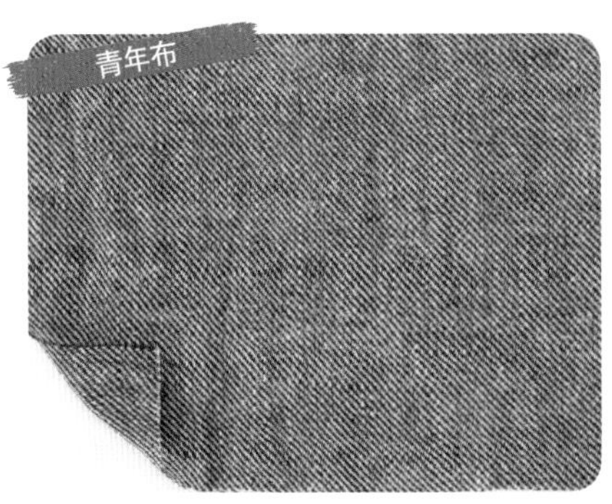


手感稍显粗糙的亚麻质地的青年布。一般的青年布是用染色经纱和漂白纬纱（或与经纱不同色彩的纬纱）交织而成的棉织布，织布色泽柔和，独具魅力。

由亚麻线织成的呈棱纹状的亚麻面料，厚度适中易缝纫，适合做裤子、裙子等。

## 针织布

使用针织布做衣服时请选用相应的针和线，因为该面料根据材质的不同厚度和伸缩性都不同，所以请先选择和要做裤子所合适的针织布料再使用制作。

适合做运动服的一种针织布，其表层是平针织布、里层为细绒圈状的针织布料，因有一定厚度，适合做裤子。

直木条纹状、牛仔风格的单色两面用的针织布。因弹性不大，所以推荐初学者使用。

呈现纤细棱纹状的针织布。具有较大的弹性和延伸性，因而常用来做袖口、领口、裤脚等。

## ★缝纫工具

以下详细介绍了从做纸型到做好衣服所要用到的所有工具。
使用合适配套的工具会让我们的作品更完美，让我们的缝纫之旅更开心。

### 硫酸纸

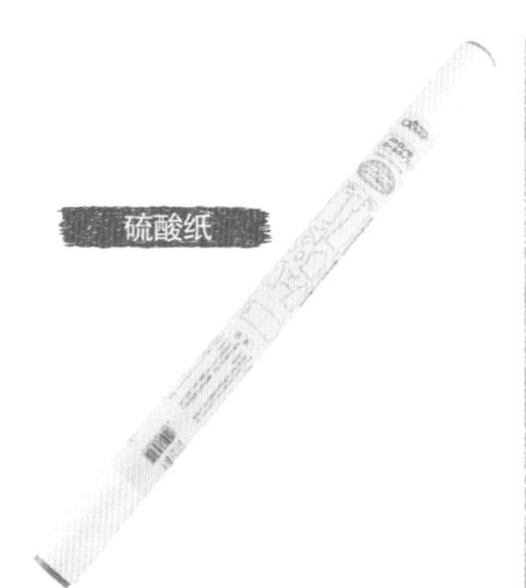

用于描绘纸型，透明轻薄但很结实，卷轴式样无折痕，可以按需裁取。

### 方格尺

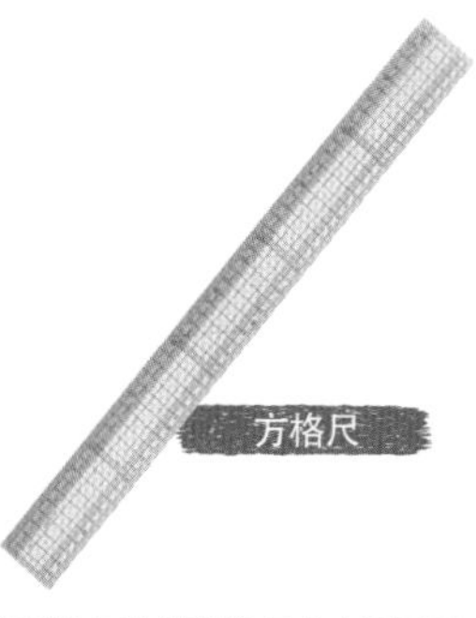

纸型上标注缝份位置或者测量时使用，能够画出平行线，非常方便使用。

### 铅笔和橡皮

多用于将实物大纸型誊写到硫酸纸上等情况。

### 轮刀

适合在中间塞有布用复写纸的布上使用。其为用点线轮盘做点状线标记时使用的工具。

### 画粉纸

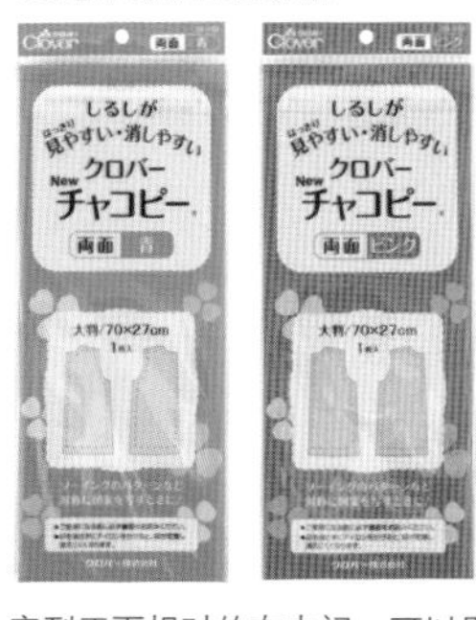


塞到正面相对的布中间，可以用轮刀在布上做点状线标记。正、反面的更方便，颜色有多种。

### 消失记号笔

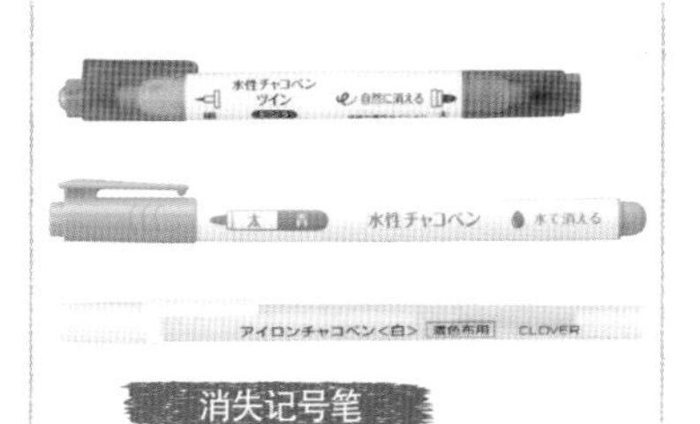

在布上做记号的笔。过段时间会自动消失，用水也可以擦净，并且颜色和粗细可根据需要来选择。白色适合用于颜色较深的布料。

### 镇纸

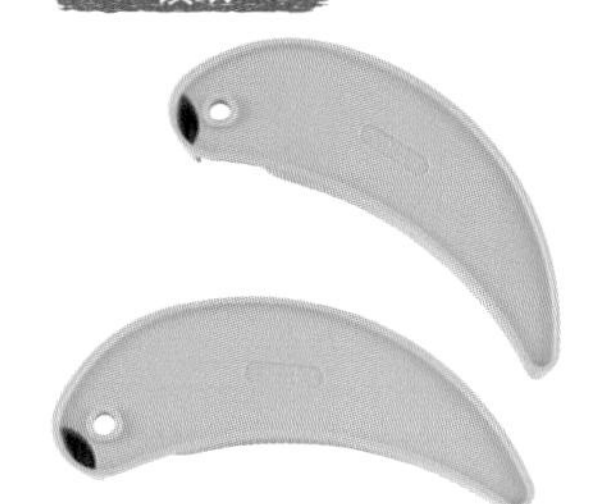

将实物大纸型印到硫酸纸上或者将纸型印到布料上时，为保证不错位而使用的重物。另外依照布上放置的纸型裁剪布时也可以使用。

### 裁布剪刀

裁布专用剪刀，请选用刀刃比较锋利的使用。与剪纸的剪刀区分开来，不要用于裁剪布以外的任何东西。

### 剪线剪刀

用于修剪线头用的剪刀。做衣服时放在手边，方便又实用。

### 卷尺

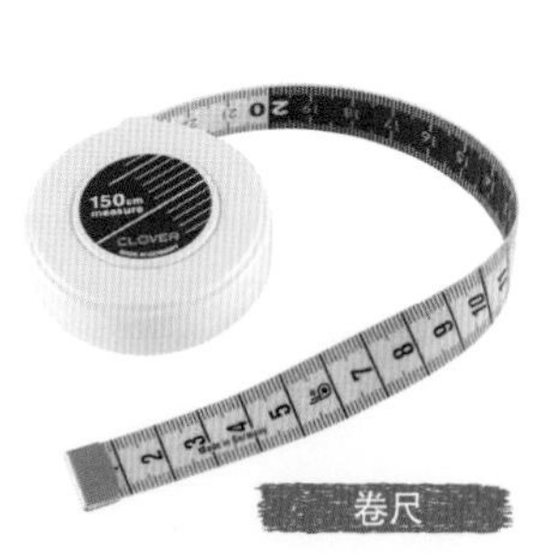

用于测量长距离或曲线距离以及测量孩子各部位尺寸时都可以使用。另外，每10cm用不同颜色标示的卷尺更实用。

### 熨烫尺

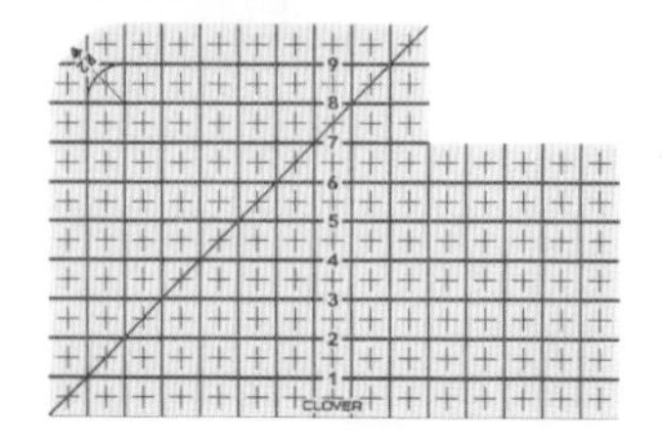

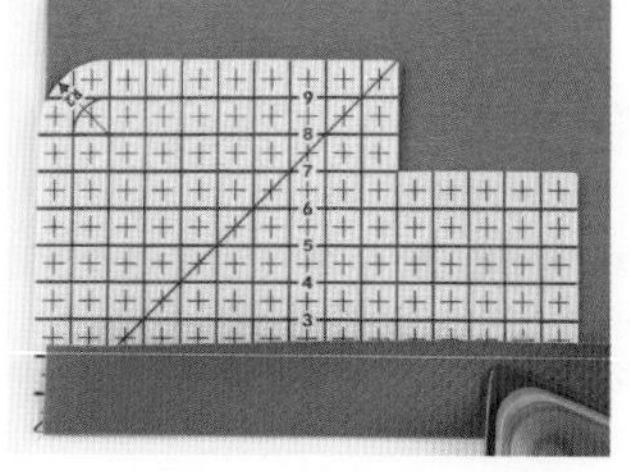

将其放在下摆或者折二折的部位方便熨斗直接对其烫熨的便捷工具。上面刻有以0.5cm为单位的刻度。

### 缝纫用尺

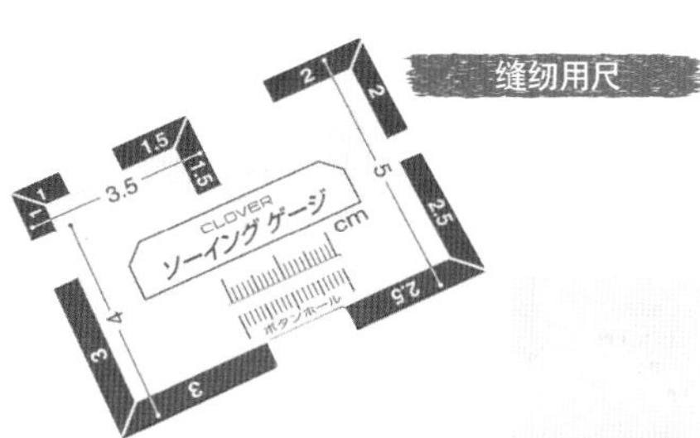


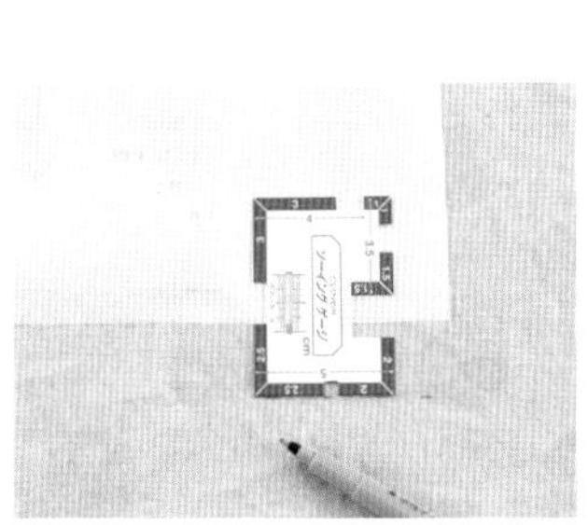

因为附有以0.5cm为单位的1~5cm不等的刻度，所以也可以用于给缝份做标记。另外还附有可以用来标注扣眼的模切板，很实用。

### 单胶条形黏合衬

一边涂有黏合剂的胶带。贴在不想让拉伸的部分或者想加固的部分贴好截断，用熨斗加热粘紧。

### 熨斗

向两侧摊开熨平缝份，在贴单胶条形黏合衬时可使用。做好的衣服用熨斗熨烫效果更佳。

### 针插

可将大头针、珠针等插进去放置，最好选用可以防止针生锈的针插。

### 珠针

将实物大纸型固定在布上，或者缝纫过程中防止布错位而使用的工具。

### 拆线器

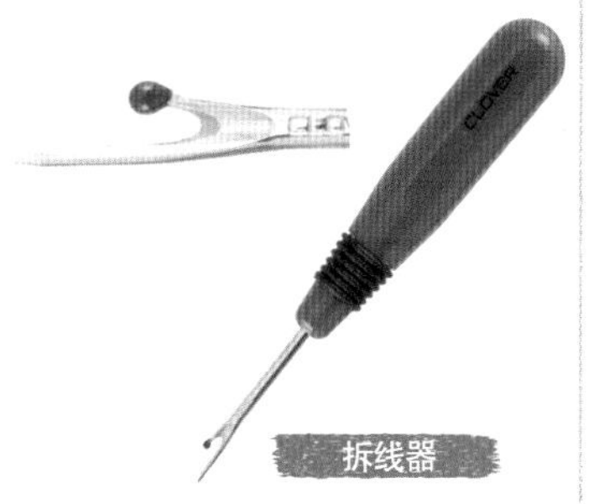


用于拆线或者挖剪小扣眼时使用，非常方便。

### 锥子

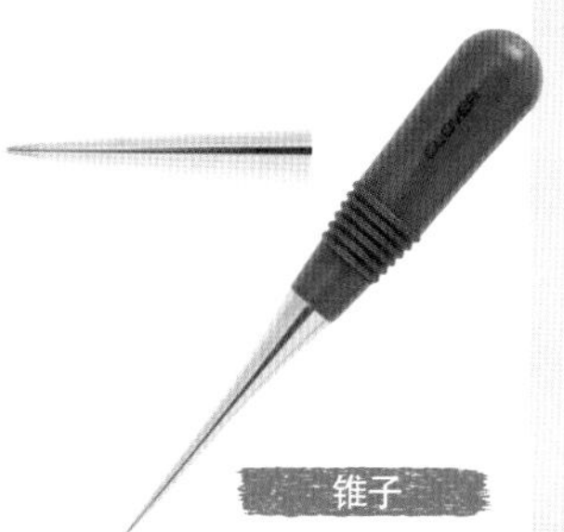

缝纫时可以用锥子的小尖头送布、挑角等，也可以用于拆线。

### 疏缝线

缝制曲线部位或者是需要对缝的布较多时，缝纫前常用此线进行简单的假缝防止错位。

### 松紧带

在做松紧带裤子或者裙子的腰部时放在里面的比较宽的松紧带。专用的这种松紧带厚度、宽度不一，但都比较结实耐用，可根据实际需要选择。

### 穿绳器

能够帮助快速穿入丝带、绳子等的工具。还可用于穿引较细的松紧带。

### 制带器

穿入较宽的松紧带时方便便捷的工具，可以牢牢抓住而避免缠绕。

HOW TO MAKE

# 作品的制作方法

## 裁剪图和尺寸

★

P34开始的基础教程里以及做法详解部分所涉及的材料及尺寸表涵盖100/110/120/130/140/150cm（衣服款式不同材料尺寸也不相同），除了特定的款式外所有尺寸都是可以做的。

★

裁剪图是一般的标准（尺寸：110cm），尺寸不同裁剪方法也不相同，所以请在实际裁剪时将纸型放置于布上事先确认好。

★

使用方格或条纹等图案的布料，需要将方格或条纹对齐，考虑到布也有其方向性所以多准备些布料为好。

★

实物大纸型上不含缝份，裁剪时要参考裁剪图先标出缝份再进行裁剪。

★

在做只有直线构成的部位或者是裁剪图上已标明尺寸等没有纸型的情况下，请直接在布上画出裁剪线进行裁剪。

★

单位一律为cm。

## 01 基本款
## 罗纹裤腰七分裤

作品 ★ P6　实物大纸型 A 面

材料※尺寸：100/110/120/130/140/150cm
使用布（先染格子布）114cm×80/85/85/95/105/115cm
另布（松紧罗纹布）45cm（W宽）×10cm
另布（单色无印染棉布）35cm ×20cm
松紧带3cm×45/48/51/54/57/60cm
直径2cm纽扣1 颗

**成品尺寸**
裤长：43.8/48.3/52.8/57.3/61.8/66.8cm

**缝制顺序**
**1**前口袋的做法与缝制。**2**后口袋的做法与缝制。
**3**缝制后上裆。**4**缝前上裆，做门襟贴边。
**5**缝侧缝。**6**缝下裆。**7**制作并缝制裤腰。
**8**缝制松紧裤腰。**9**制作并缝制裤襻。
**10**穿松紧带。**11**裤脚折二折并缝制。
**12**缝上纽扣。
★步骤**2**、**3**、**4**、**6**、**10**参照P34裤子的制作方法。步骤**11**参照P49

## 02 变化款
## 带蝴蝶结的罗纹裤腰七分裤

作品 ★ P7　实物大纸型 A 面

材料※尺寸：100/110/120/130/140/150cm
使用布（棉麻混纺布、印花图案）132cm×60/60/65/75/80/85cm
另布（松紧罗纹布）45cm（W宽）×10cm
另布（密织平纹棉布）35cm×20cm
松紧带3cm×45/48/51/54/57/60cm
蕾丝带1cm×10cm

**成品尺寸**
裤长：39.8/44.3/48.8/53.3/57.8/62.8cm

**缝制顺序**
★**1~8**参照作品**01**的做法(其中没有步骤**4**的门襟贴边制作)。
**9**穿松紧带。
**10**裤脚折二折并缝制。
**11**在两个裤脚外侧分别做出褶皱，并装饰上蝴蝶结。

〈**01**罗纹裤腰七分裤〉

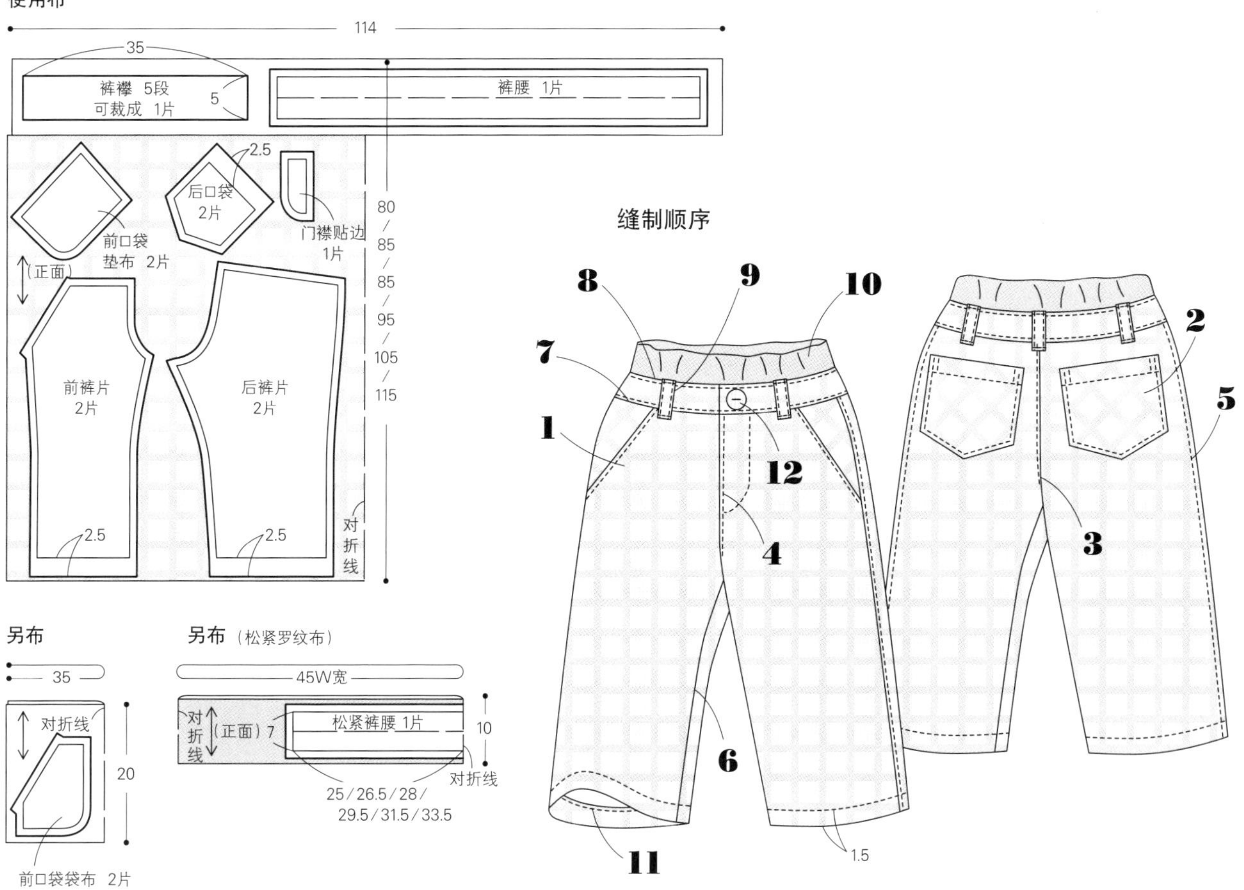


※除指定以外缝份均为1cm　※尺寸：100/110/120/130/140/150cm

〈01罗纹裤腰七分裤〉

## 1 前口袋的做法与缝制

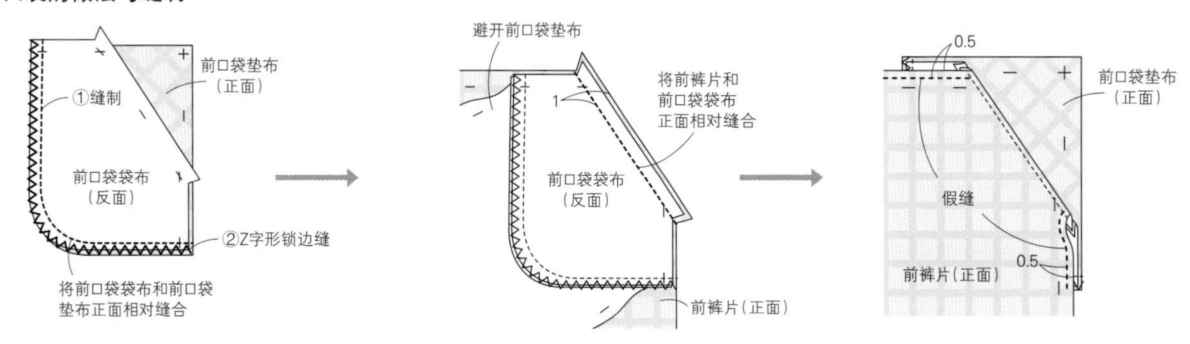


## 5 缝侧缝

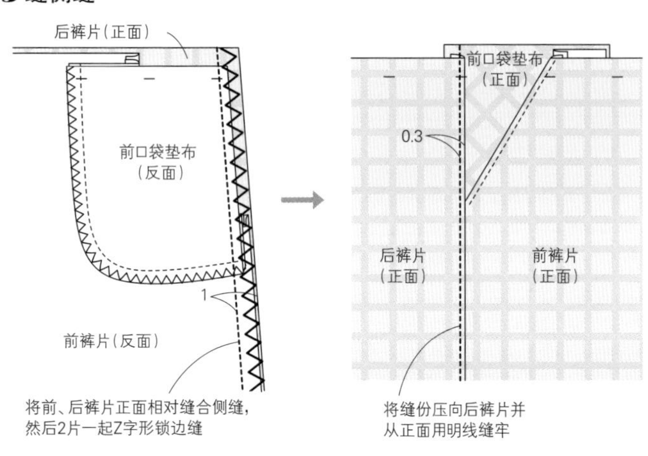


## 7 制作并缝制裤腰

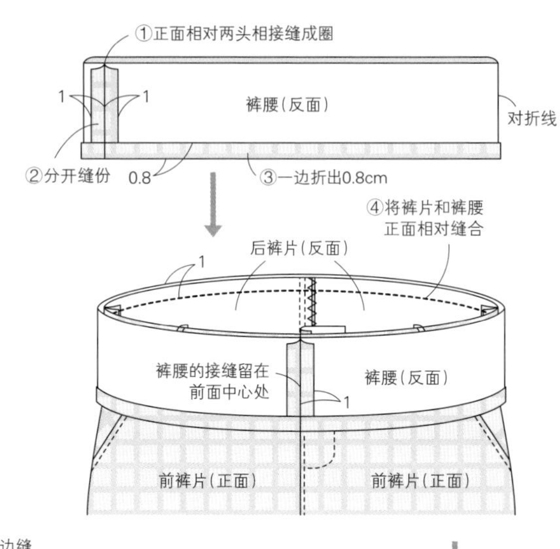


## 8 缝制松紧裤腰

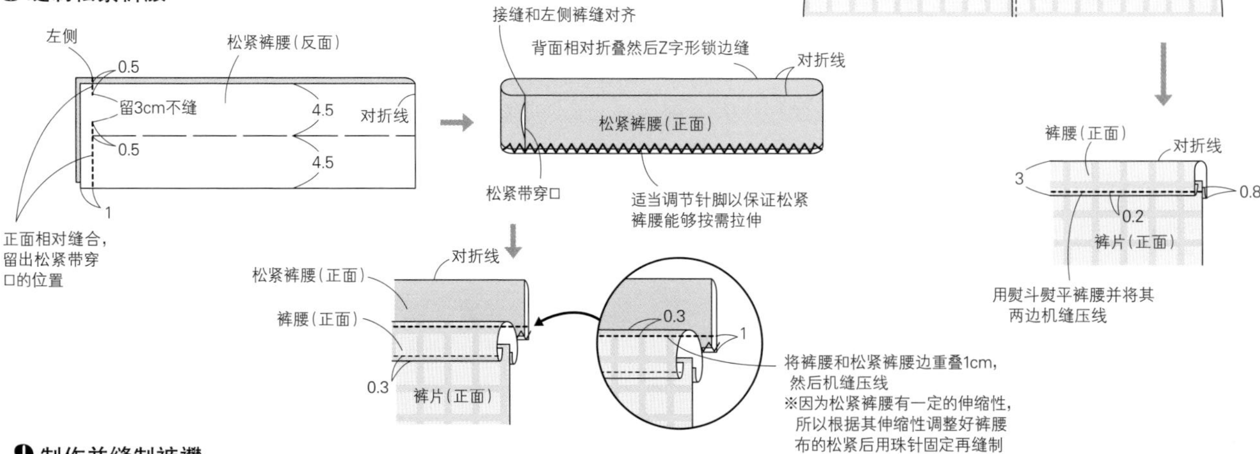


## 9 制作并缝制裤襻

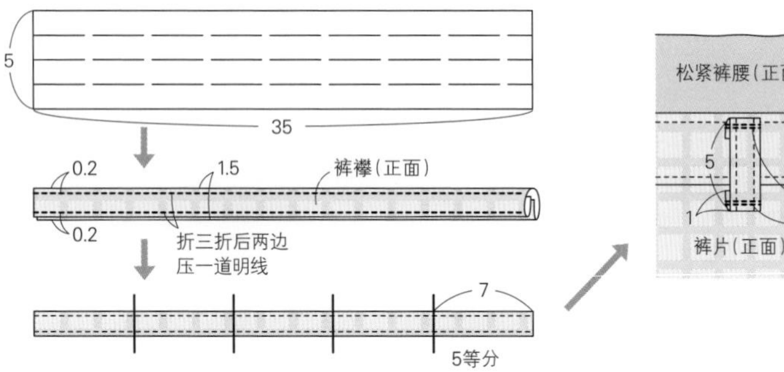


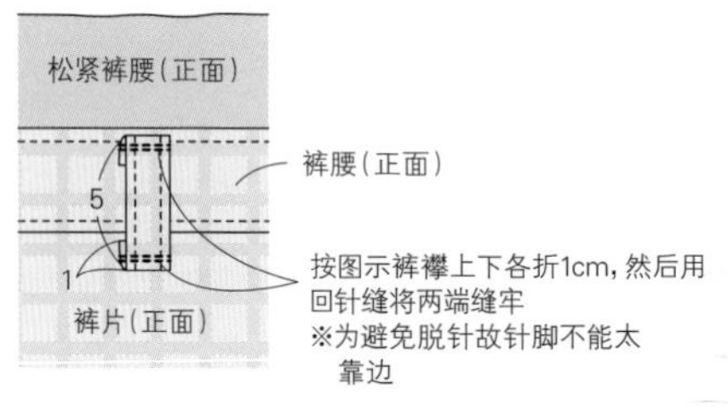


## 12 缝上纽扣

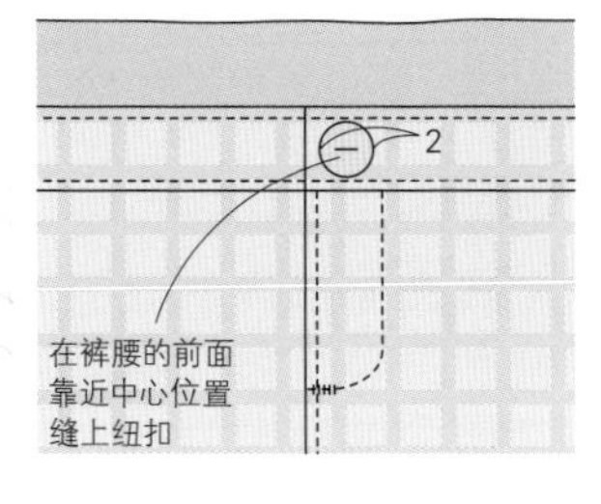

## 〈02带蝴蝶结的罗纹裤腰七分裤〉

### 裁剪图

使用布

132

裤腰 1片

(正面)

2.5

后口袋 2片

对折线

后裤片 2片

前口袋垫布 2片

前裤片 2片

蝴蝶结 2片

2.5

2.5

60/60/65/75/80/85

8.5/9/9.5/10/10.5/11

另布

35

20

对折线

前口袋袋布 2片

另布（松紧罗纹布）

45W宽

对折线

(正面) 7

松紧裤腰 1片

10

对折线

25/26.5/28/29.5/31.5/33.5

※除指定以外缝份均为1cm

※尺寸：100/110/120/130/140/150cm

### 缝制顺序

※参照P47、48，不需要步骤4的门襟贴边，没有步骤9、12

1 2 3 4 5 6 7 8 9 10 11

1.5

### 2 后口袋的做法与缝制

1.7

0.8

0.1

(反面)

①后口袋口折二折并压一道明线

②平针缝

用厚纸做成的纸型

③插入厚纸型，拉线后收缩整形，然后用熨斗定型

### 11 在两个裤脚外侧分别做出褶皱，并装饰上蝴蝶结

侧缝

2cm褶皱

(反面)

2

2cm褶皱

3

裤脚

(反面)

2

②折出错落有致的褶皱

1

①每1cm折长2cm的褶皱

### 10 裤脚折二折并缝制

### 11 做蝴蝶结

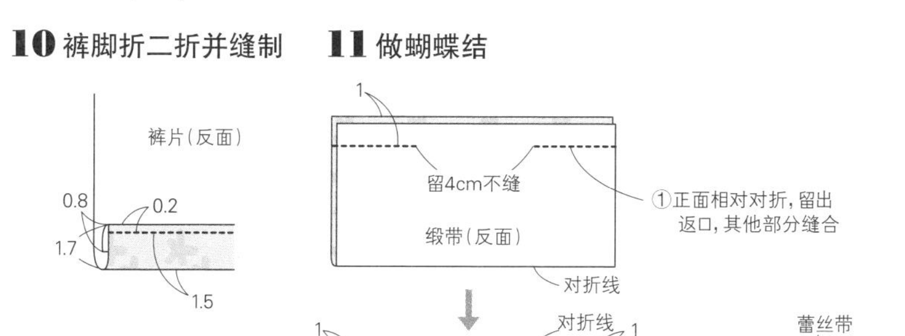


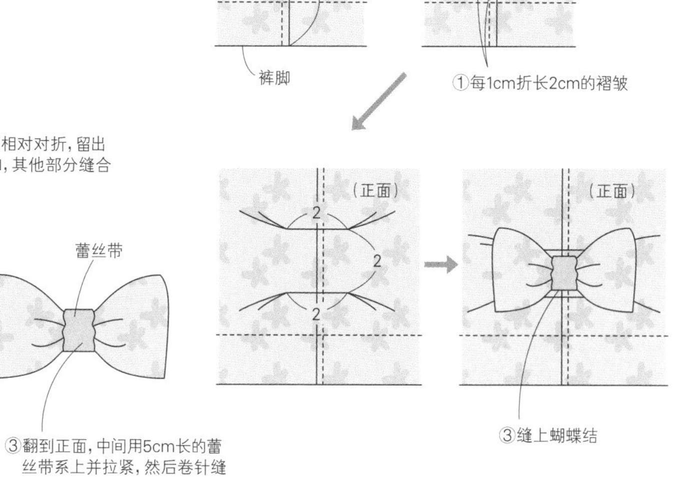


②将返口转到中央后两边压平并缝上两端

③翻到正面，中间用5cm长的蕾丝带系上并拉紧，然后卷针缝

③缝上蝴蝶结

# 03 基本款 卷边五分裤

作品 ★ P8 实物大纸型 A 面

**材料**※尺寸：100/110/120/130/140cm
使用布（米黄色厚斜纹棉布）100cm×75/80/85/100/110cm
另布（印花棉布）110cm×25/25/30/30/30cm
另布（亚麻粗布）100cm×25cm
松紧带2cm×46/48/50/52.5/55cm

**成品尺寸**
裤长：32/36/40/44/48cm

**缝制顺序**
**1**前口袋的做法和缝制。**2**后口袋的做法与缝制。
**3**将后育克缝到后裤片上。**4**缝侧缝。**5**缝下裆。
**6**将前后裤脚的贴边缝成圆筒状，缝到裤片处。
**7**缝合前后上裆，做门襟贴边。
**8**做裤腰、穿松紧带。
★步骤**5**、**7**、**8**参照P34~39裤子的制作方法(该款制作过程中不需要对下裆进行压线）

# 04 变化款 褶皱短裤

作品 ★ P9 实物大纸型 A 面

**材料**※尺寸：100/110/120/130/140cm
使用布（印花布）100cm×30/40/45/50/70cm
另布（纯黑色印花布）105cm×30/30/35/35/35cm
松紧带1cm×46/48/50/52.5/55cm
黑色缎带1cm×44cm

**成品尺寸**
裤长：22/26/30/34/38cm

**缝制顺序**
**1**缝侧缝、下裆。**2**将裤脚折二折并缝合。
**3**缝上裆。**4**做褶裥短饰边并固定到裤片上。
**5**做裤腰并缝到裤片上。
**6**裤腰穿松紧带，做蝴蝶结并缝制到短裤前面。

## 〈03 卷边五分裤〉

### 裁剪图

使用布

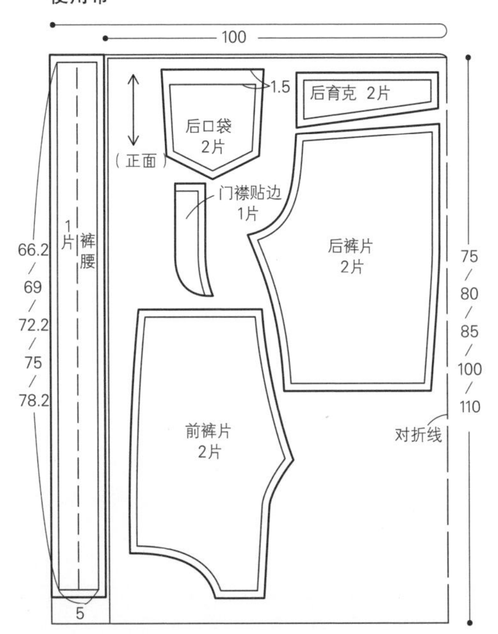


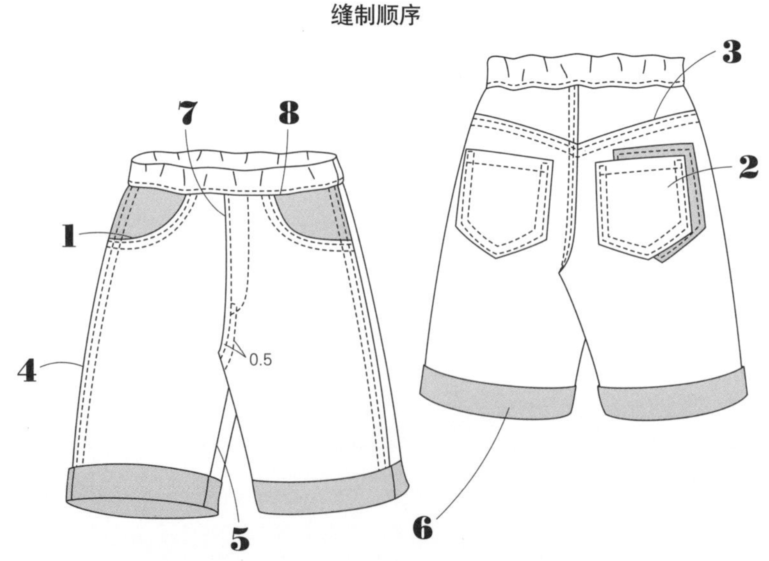


另布(印花棉布)

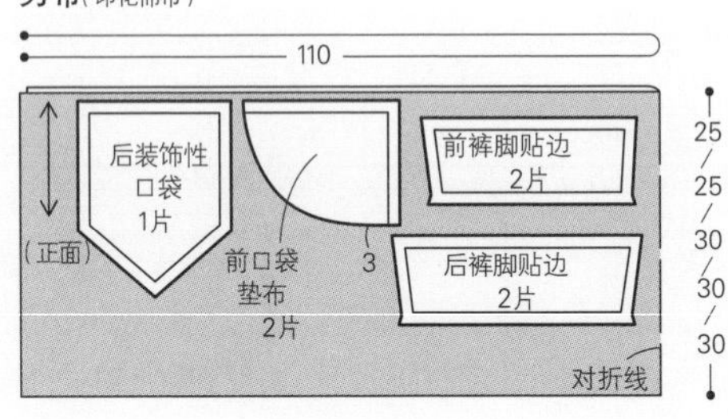


另布

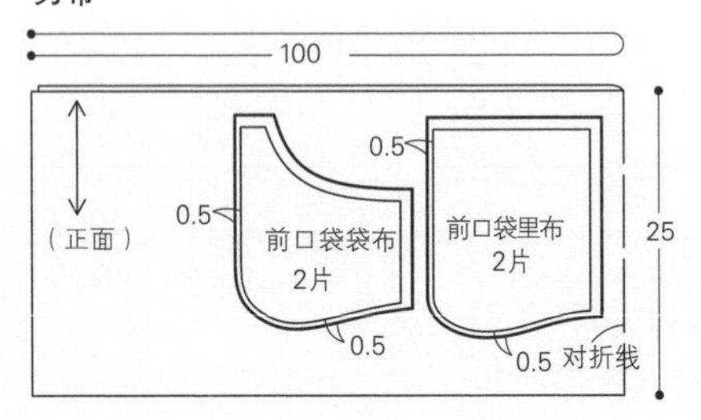


※除指定外缝份均为1cm
※尺寸：100/110/120/130/140cm

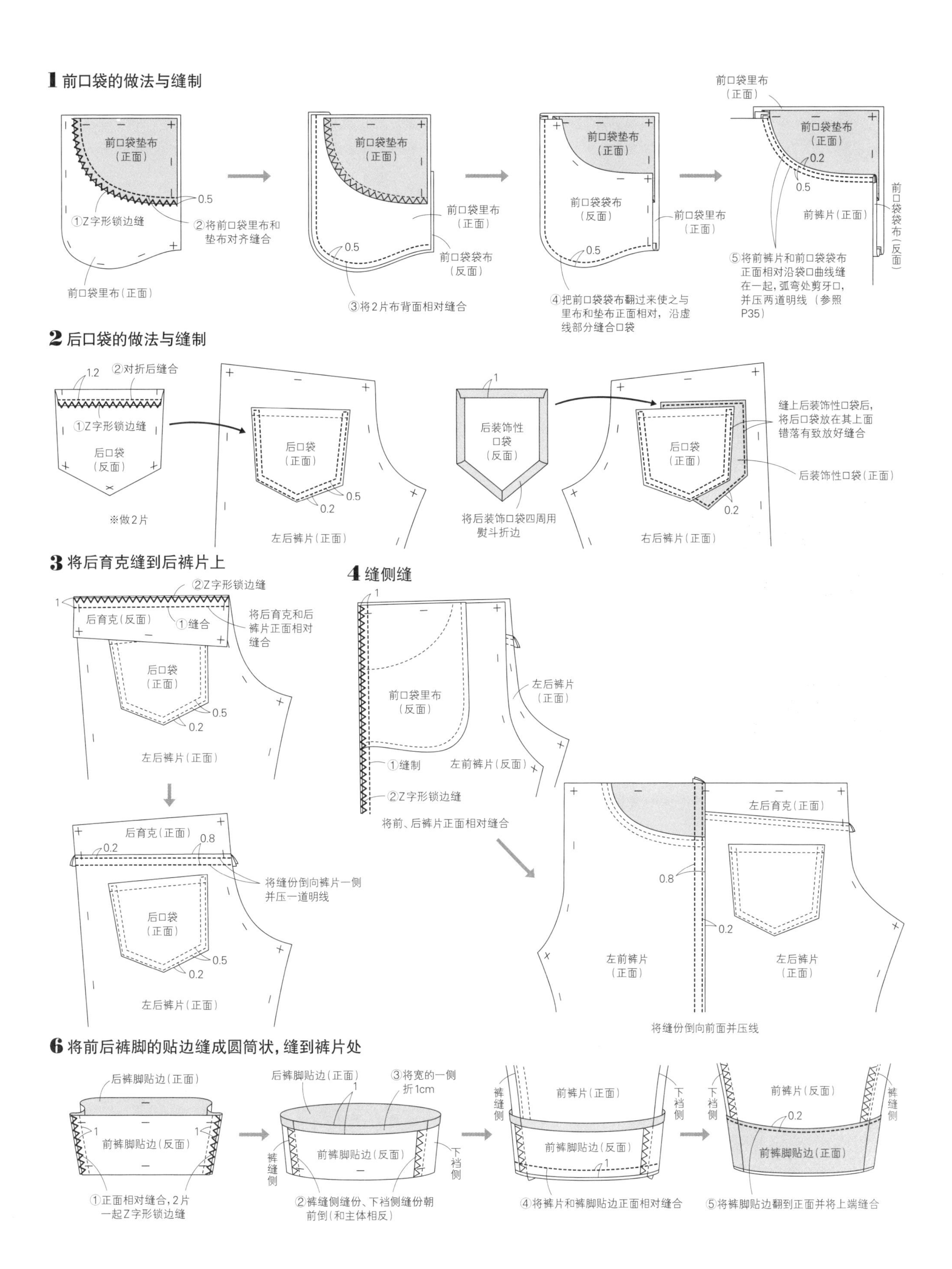
1 前口袋的做法与缝制
前口袋垫布
（正面）
0.5
①Z字形锁边缝
②将前口袋里布和
垫布对齐缝合
前口袋里布（正面）
前口袋垫布
（正面）
前口袋里布
（正面）
0.5
前口袋布
（反面）
③将2片布背面相对缝合
前口袋垫布
（正面）
前口袋袋布
（反面）
前口袋里布
（正面）
0.5
④把前口袋袋布翻过来使之与
里布和垫布正面相对，沿虚
线部分缝合口袋
前口袋里布
（正面）
前口袋垫布
（正面）
0.2
0.5
前裤片（正面）
前口袋袋布（反面）
⑤将前裤片和前口袋袋布
正面相对沿袋口曲线缝
在一起，弧弯处剪牙口，
并压两道明线（参照
P35）
2 后口袋的做法与缝制
1.2
②对折后缝合
①Z字形锁边缝
后口袋
（反面）
※做2片
后口袋
（正面）
0.5
0.2
左后裤片（正面）
1
后装饰性
口袋
（反面）
将后装饰口袋四周用
熨斗折边
缝上后装饰性口袋后，
将后口袋放在其上面
错落有致放好缝合
后口袋
（正面）
后装饰性口袋（正面）
0.2
右后裤片（正面）
3 将后育克缝到后裤片上
②Z字形锁边缝
1
后育克（反面）
①缝合
将后育克和后
裤片正面相对
缝合
后口袋
（正面）
0.5
0.2
左后裤片（正面）
后育克（正面）
0.2
0.8
将缝份倒向裤片一侧
并压一道明线
后口袋
（正面）
0.5
0.2
左后裤片（正面）
4 缝侧缝
1
前口袋里布
（反面）
左后裤片
（正面）
①缝制
左前裤片（反面）
②Z字形锁边缝
将前、后裤片正面相对缝合
左后育克（正面）
0.8
0.2
左前裤片
（正面）
左后裤片
（正面）
将缝份倒向前面并压线
6 将前后裤脚的贴边缝成圆筒状，缝到裤片处
后裤脚贴边（正面）
1
1
前裤脚贴边（反面）
①正面相对缝合，2片
一起Z字形锁边缝
后裤脚贴边（正面）
1
③将宽的一侧
折1cm
裤缝侧
前裤脚贴边（反面）
下裆侧
②裤缝侧缝份、下裆侧缝份朝
前倒（和主体相反）
裤缝侧
前裤片（正面）
下裆侧
前裤脚贴边（反面）
1
④将裤片和裤脚贴边正面相对缝合
下裆侧
前裤片（反面）
裤缝侧
0.2
前裤脚贴边（正面）
⑤将裤脚贴边翻到正面并将上端缝合

〈**04** 褶皱短裤〉

**裁剪图**

另布

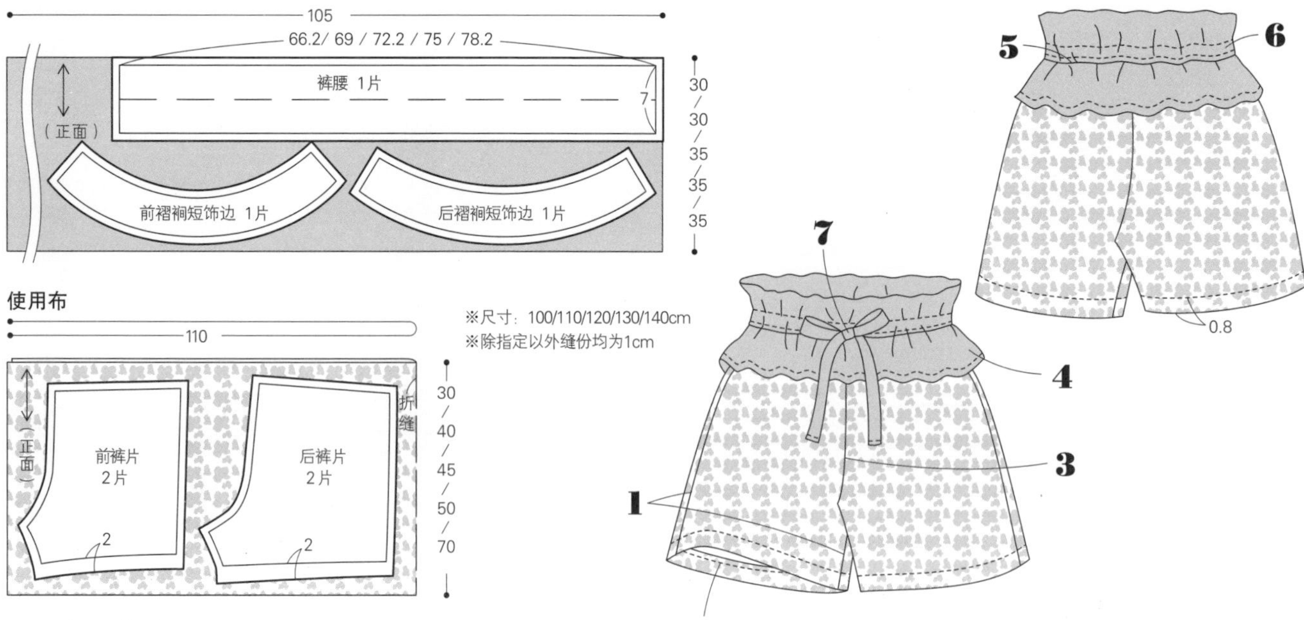


**1、2、3** 裤片的做法

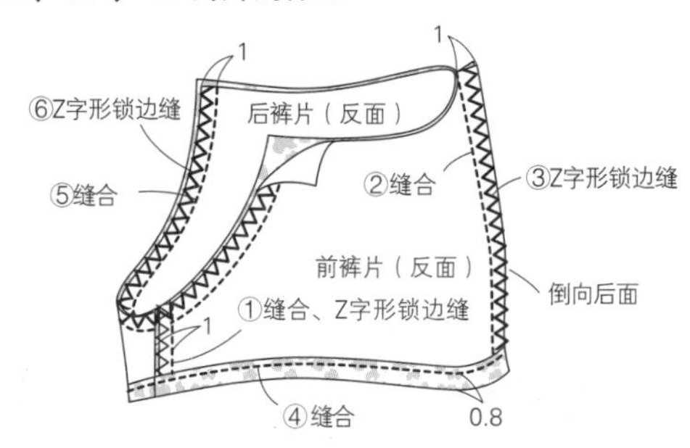


**4** 做褶裥短饰边并固定到裤片上

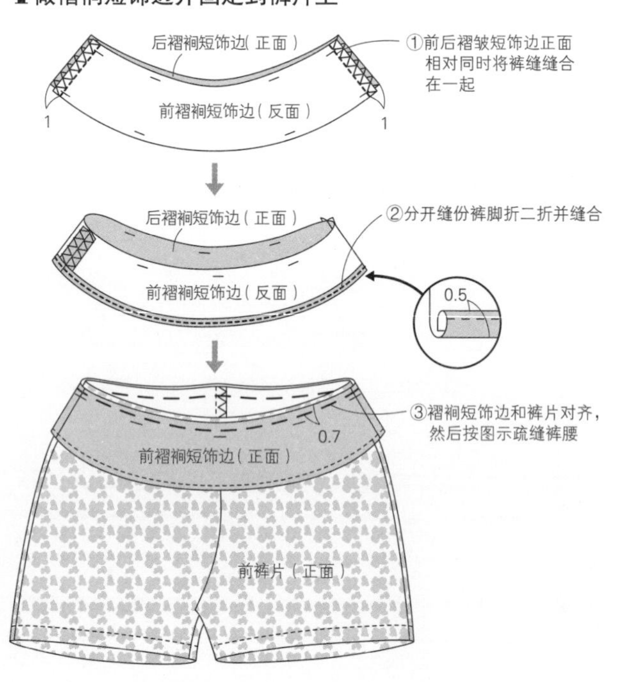


**5、6** 裤腰和蝴蝶结的做法与缝法

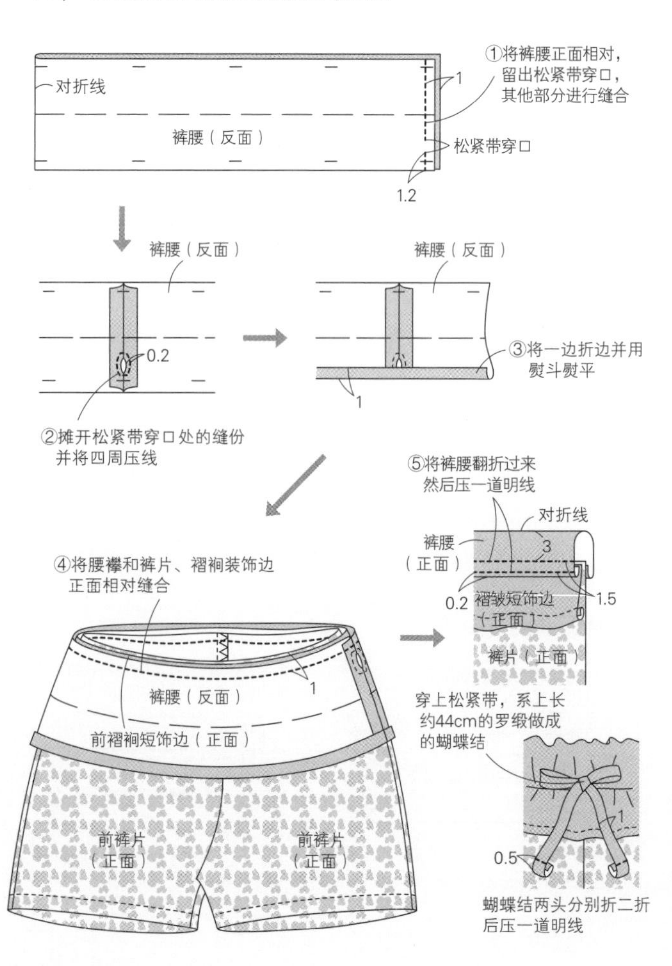

# 05 基本款 松紧裤脚的针织裤

作品 ★ P11　实物大纸型 A 面

**材料**※尺寸：100/110/120/130/140/150cm
使用布（顶级木纹弹力绒布）175cm×70/80/85/90/95/100cm
另布（罗纹布）50cm（W宽）×35/35/40/40/45/45cm
另布（薄针织布）30cm×25cm
松紧带3cm×44/46/48/50/52/54cm

**成品尺寸**
裤长：61/65.5/70.5/75/80/85cm

**缝制顺序**
**1**前口袋的做法与缝制。**2**后口袋的做法与缝制。
**3**缝上裆。**4**缝侧缝。
**5**缝下裆。**6**缝制裤脚。
**7**做裤腰并穿松紧带。
★步骤**3**、**4**、**5**参照P34~39裤片的制作方法(该款制作过程中不需要压明线和门襟贴边）

# 06 变化款 针织裤

作品 ★ P11　实物大纸型 A 面

**材料**※尺寸：100/110/120/130/140/150cm
使用布（浅黄色条纹牛仔布）175cm×60/70/80/85/95cm
另布（深棕色松紧罗纹针织布）50cm（W宽）×15cm
另布（圆点印花布）110cm×50cm
松紧带3cm×44/46/48/50/52/54cm
直径2cm纽扣 2颗

**成品尺寸**
裤长：52/56/61/65/70/74cm

**缝制顺序**
**1**前口袋的做法与缝制。**2**后口袋的做法与缝制。
**3**缝上裆。**4**缝侧缝。**5**缝制裤脚。
**6**缝下裆。**7**做裤腰并穿松紧带。
**8**缝上纽扣。
★步骤**2**参照P65，步骤**3**、**4**、**7**参照作品**05**

〈**05**松紧裤脚的针织裤〉

## 裁剪图

使用布

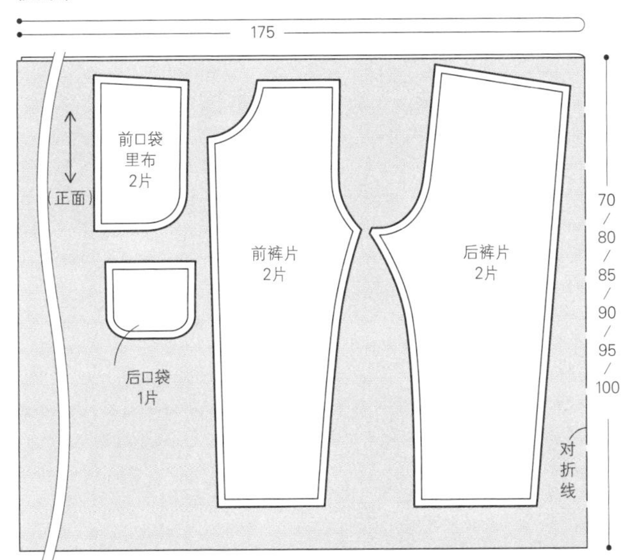


另布（罗纹布）

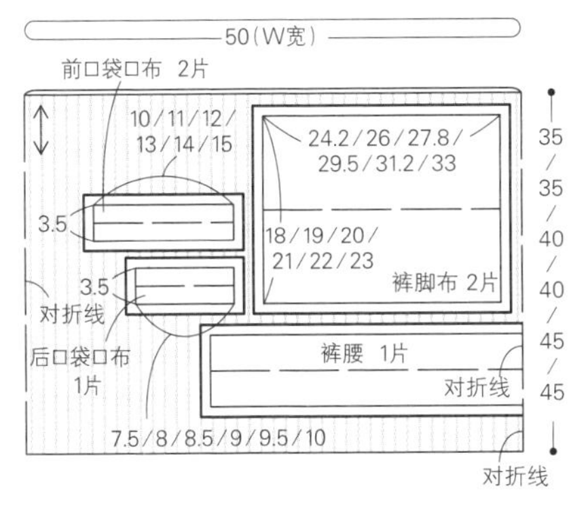


另布（薄针织布）



※缝份均为1cm　　※尺寸：100/110/120/130/140/150cm

## 缝制顺序

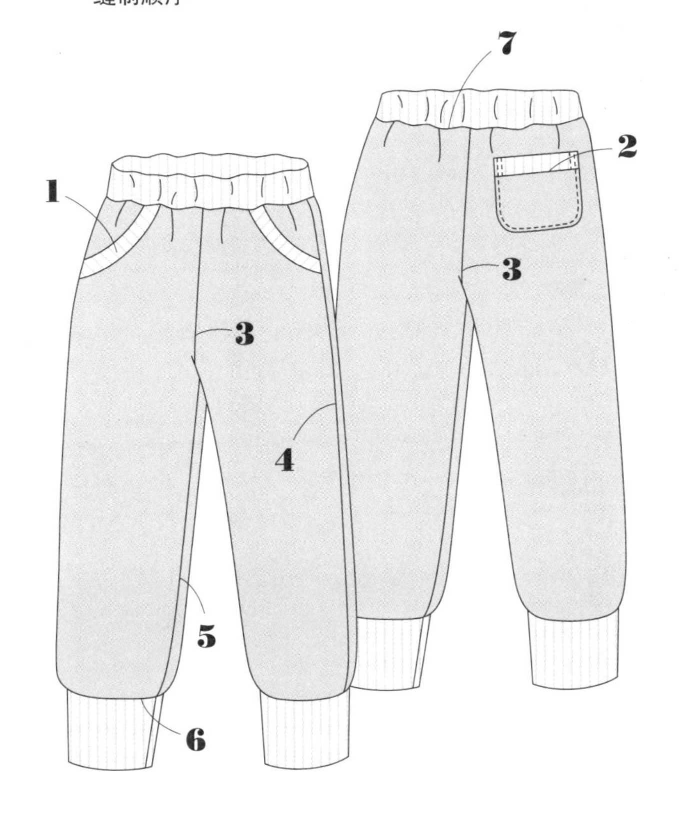

## 〈05松紧裤脚的针织裤〉

### 1 前口袋的做法与缝制

### 2 后口袋的做法与缝制

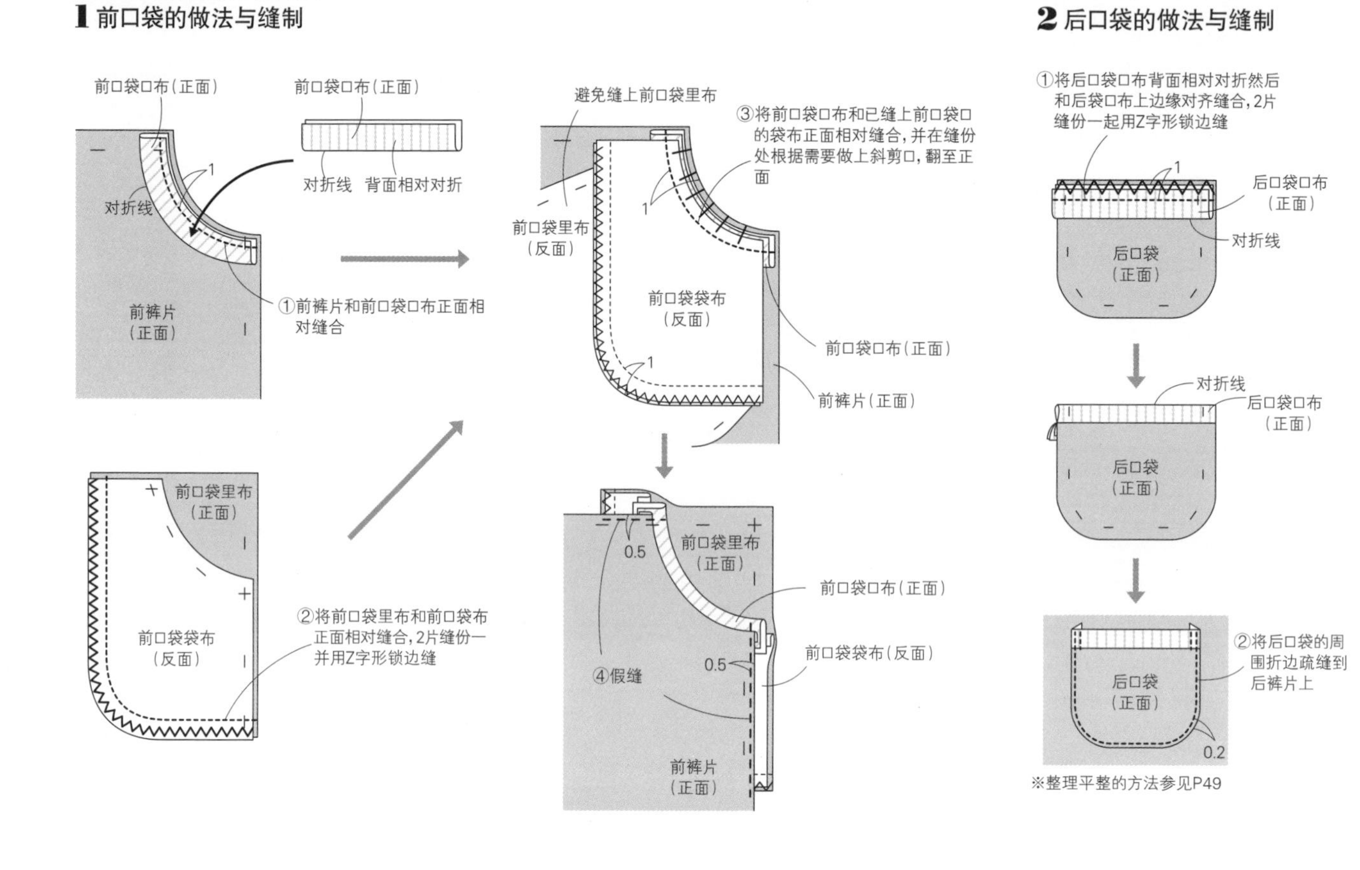


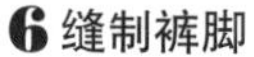

### 6 缝制裤脚

对折线
裤脚布
（反面）
①正面相对对折，缝成圆筒形
1
分开缝份
裤脚布
（正面）
对折线
②背面相对对折
裤片
（正面）
与下裆对齐
对折线
裤脚布
（正面）
1
翻到正面
裤片
（正面）
裤脚布
（正面）
对折线
③将做好的裤脚正面相对缝合，缝份处Z字形锁边缝

### 7 做裤腰并穿松紧带

裤腰（反面）
对折线
1
1
3
1
松紧带穿口
①留出松紧带穿口，车缝成圆筒形
裤腰（反面）
0.5
②松紧带的穿口四周压一道明线
前裤片（正面）
1
③将松紧带的穿口和左裤缝对齐，然后与裤片、裤腰正面相对缝合，缝份处Z字形锁边缝
裤腰（正面）
※在拉伸罗纹布的同时缝制
对折线
后裤片
（正面）
后裤片
（正面）

## 〈06针织裤〉

### 裁剪图

使用布

175

(正面)

前口袋里布 2片

前裤片 2片

后裤布 2片

60/70/75/80/85/95

对折线

※反面无花纹

另布(圆点印花布)

110

后裤脚布 2片

4.5/4.5/5/5/5.5/5.5

对折线

16/17/18/19/20/21

5

前裤脚布 2片

2

50

(正面)

前口袋口布 2片

后口袋 1片

14/15/16/17/18/19

### 缝制顺序

1 2 3 3 4 5 6 7 8

另布(深棕色松紧罗纹针织布)

50(W宽)

裤腰 1片

15

对折线

对折线

※前裤片以条纹面做正面，后裤片和前口袋里布以单色面做正面

※除指定以外缝份均为1cm

※尺寸: 100/110/120/130/140/150cm

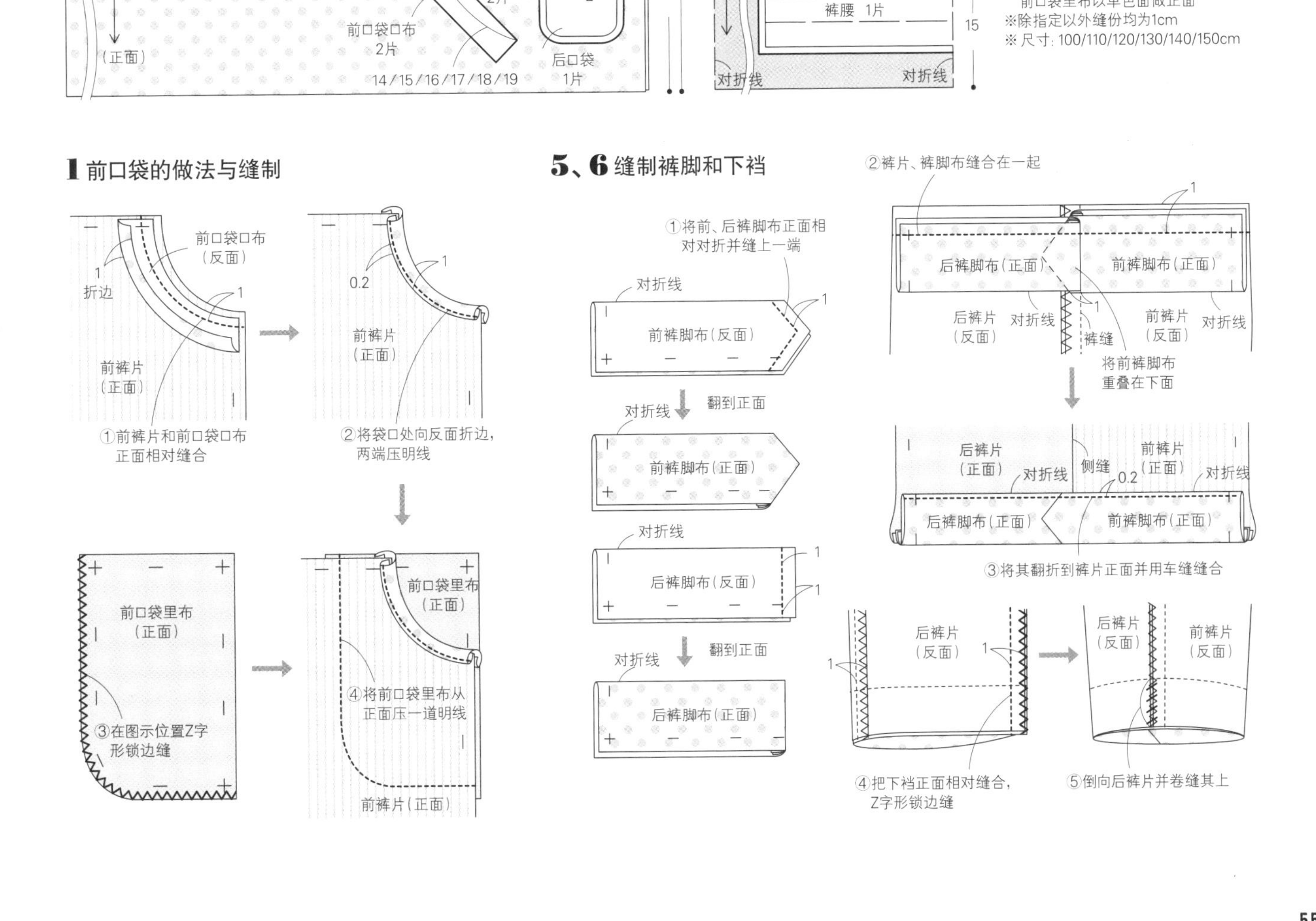

# 07 水洗棉麻细条绒休闲裤

作品 ★ P12　实物大纸型 B 面

**材料**※尺寸：100/110/120/130/140cm
使用布（条绒牛仔布）148cm×70/75/80/85/90cm
另布（半亚麻床单布）100cm×25cm
黏合衬20cm×8cm
松紧带2cm×46/48/50/52.5/55cm
单胶条形黏合衬1cm×45cm

**成品尺寸**
裤长：56/62/68/74/80cm

**缝制顺序**

**1**做小插袋和前口袋。
**2**在后裤片上缝制育克。
**3**做后口袋、垂带、多用袋。
**4**将后口袋分别缝在左侧垂带和右侧的多用袋的上侧。
**5**缝侧缝。
**6**缝后上裆，缝上裆贴边的同时缝制前上裆。
**7**缝下裆。
**8**裤脚折二折并缝合。
**9**缝裤腰。
**10**制作和缝制裤襻。
**11**从裤腰内穿松紧带。
★步骤**2**、**5**参照P51，步骤**9**、**10**参照P59，步骤**6**~**8**、**11**参照P34~39裤子的做法(下裆不压明线)

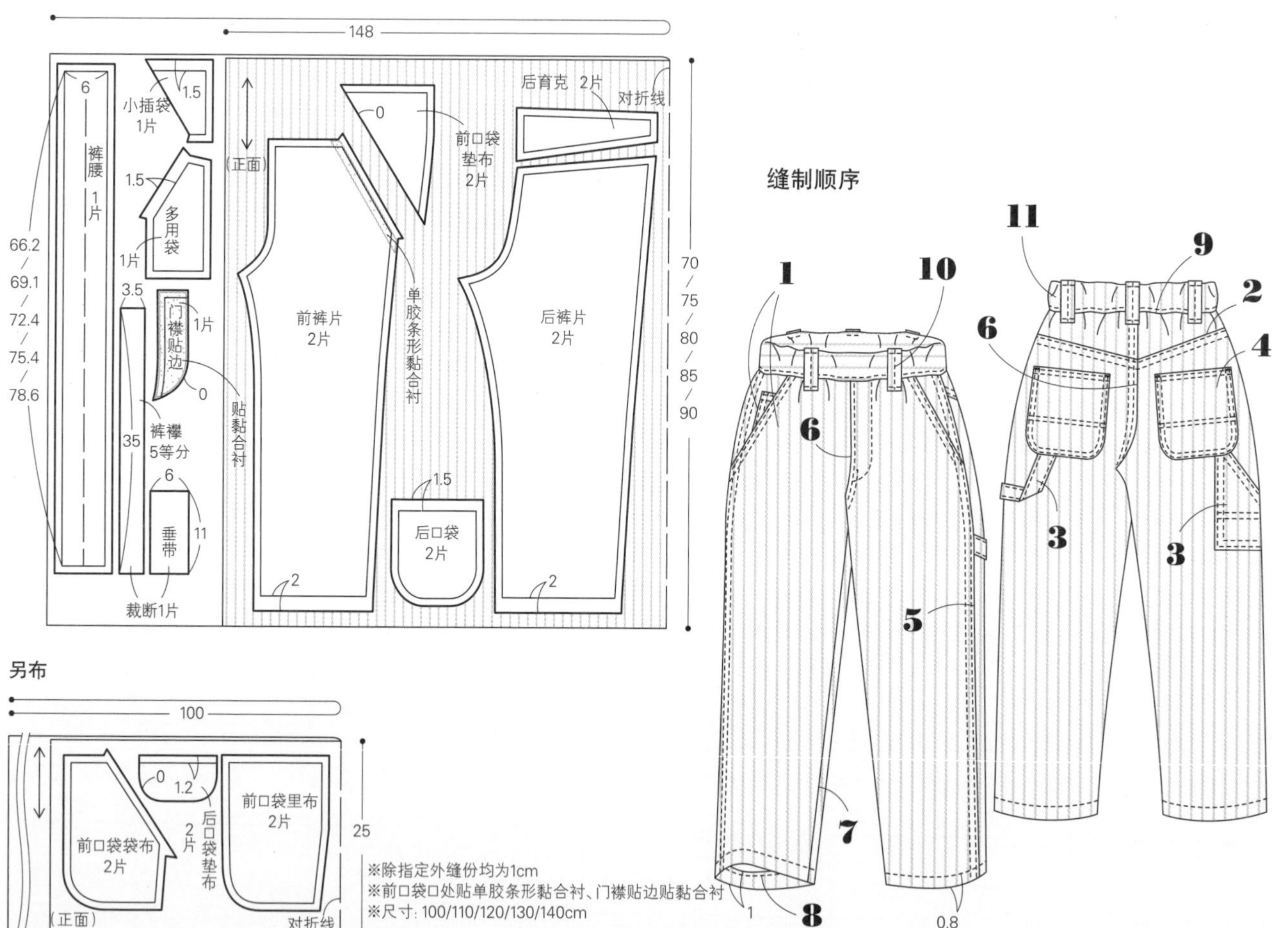

## 1 做小插袋和前口袋

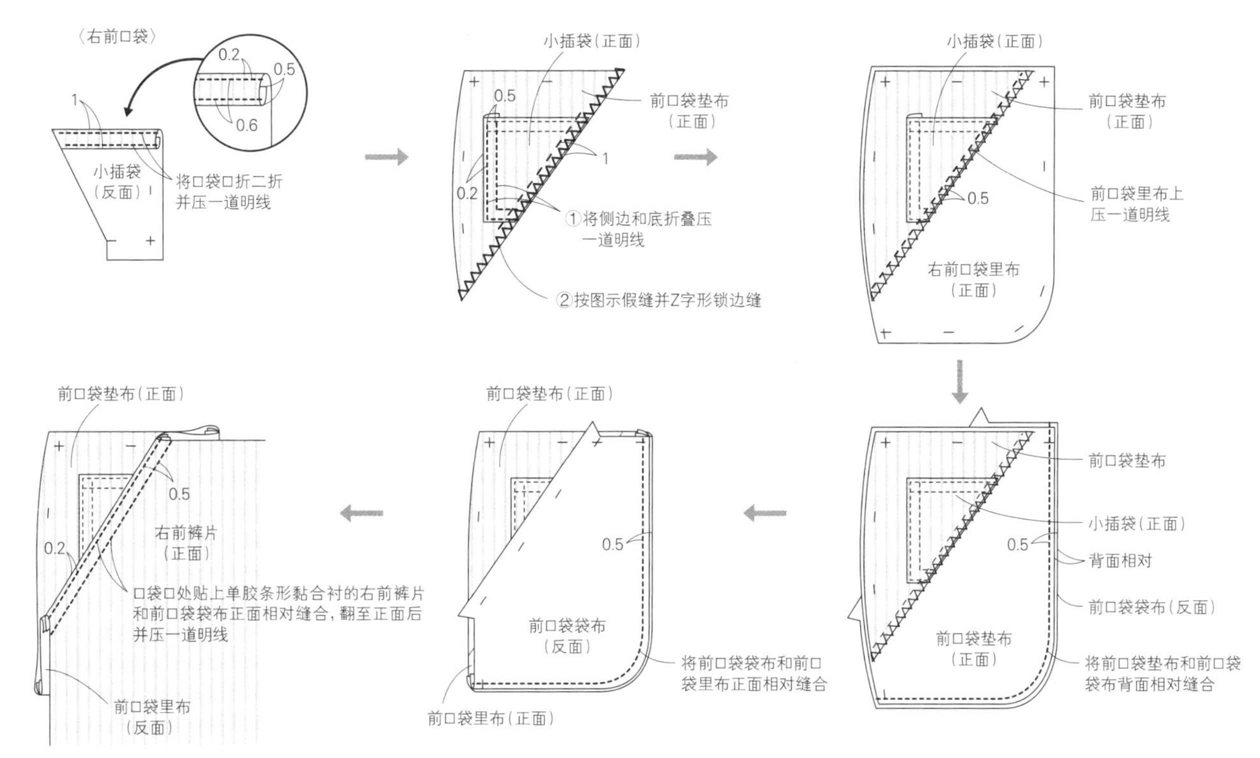


※以同样的方法做左前口袋(没有小插袋)

## 3、4 将后口袋分别缝在左侧垂带和右侧多用袋的上侧

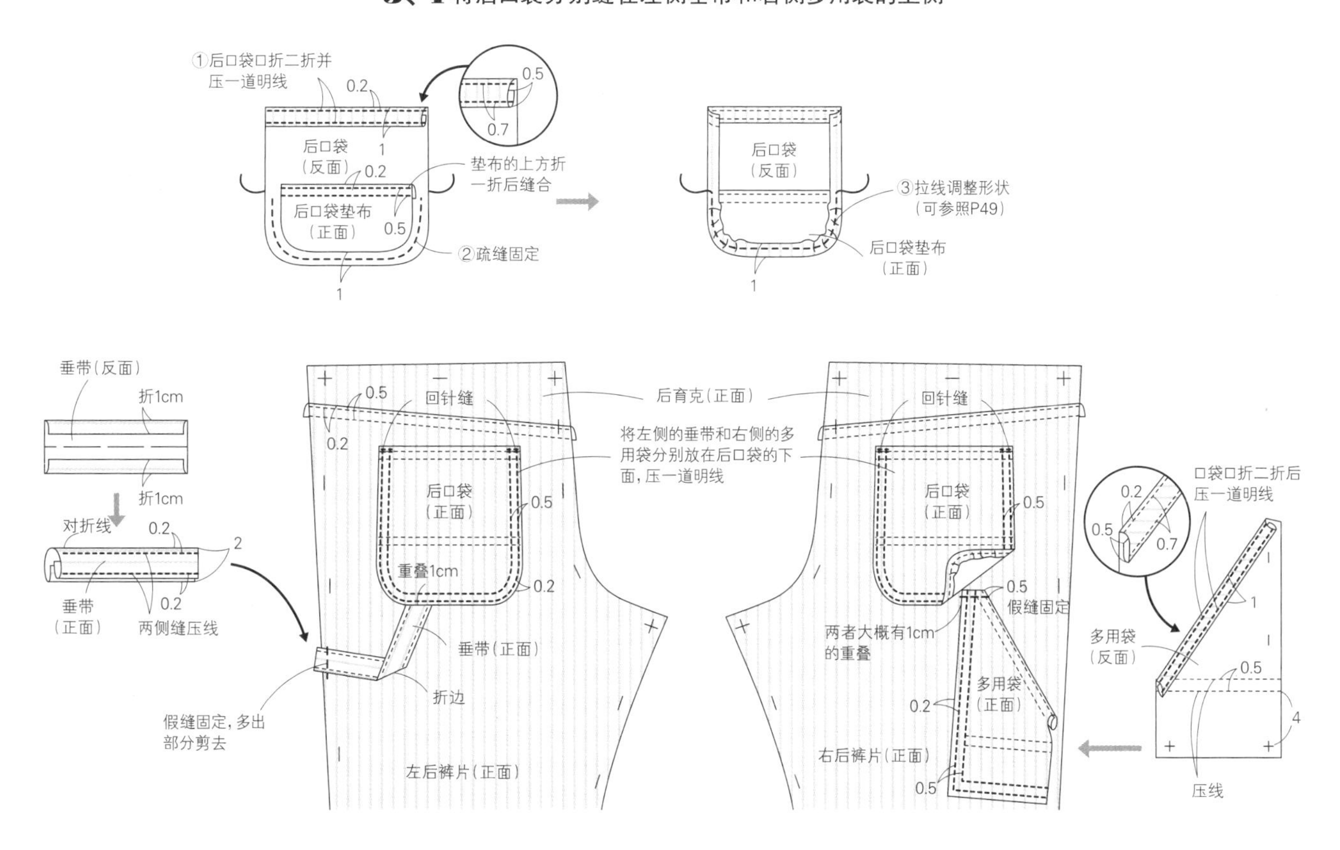

# 08 超短裤

作品★P12 实物大纸型B面

**材料**※尺寸：100/110/120/130/140cm
使用布（牛仔布）148cm×135/140/145/150/155cm
黏合衬3.5cm×35cm
松紧带2cm×46/48/50/52.5/55cm
松紧带6cm×23/24/25/26/27cm
单胶条形黏合衬1cm×40cm

**成品尺寸**
裤长：21/25/29/33/37cm

**缝制顺序**
**1**前口袋的做法和缝制。
**2**后口袋的做法和缝制。
**3**缝侧缝。
**4**缝下裆。
**5**处理裤脚折边。
**6**缝上裆。
**7**缝上裤腰。
**8**裤襻的做法和缝制。
**9**裤腰上穿松紧带。
**10**制作腰部蝴蝶结。
★步骤**1**参照P57(没有垫布和小插袋)，步骤**6**参照P52

裁剪图

使用布

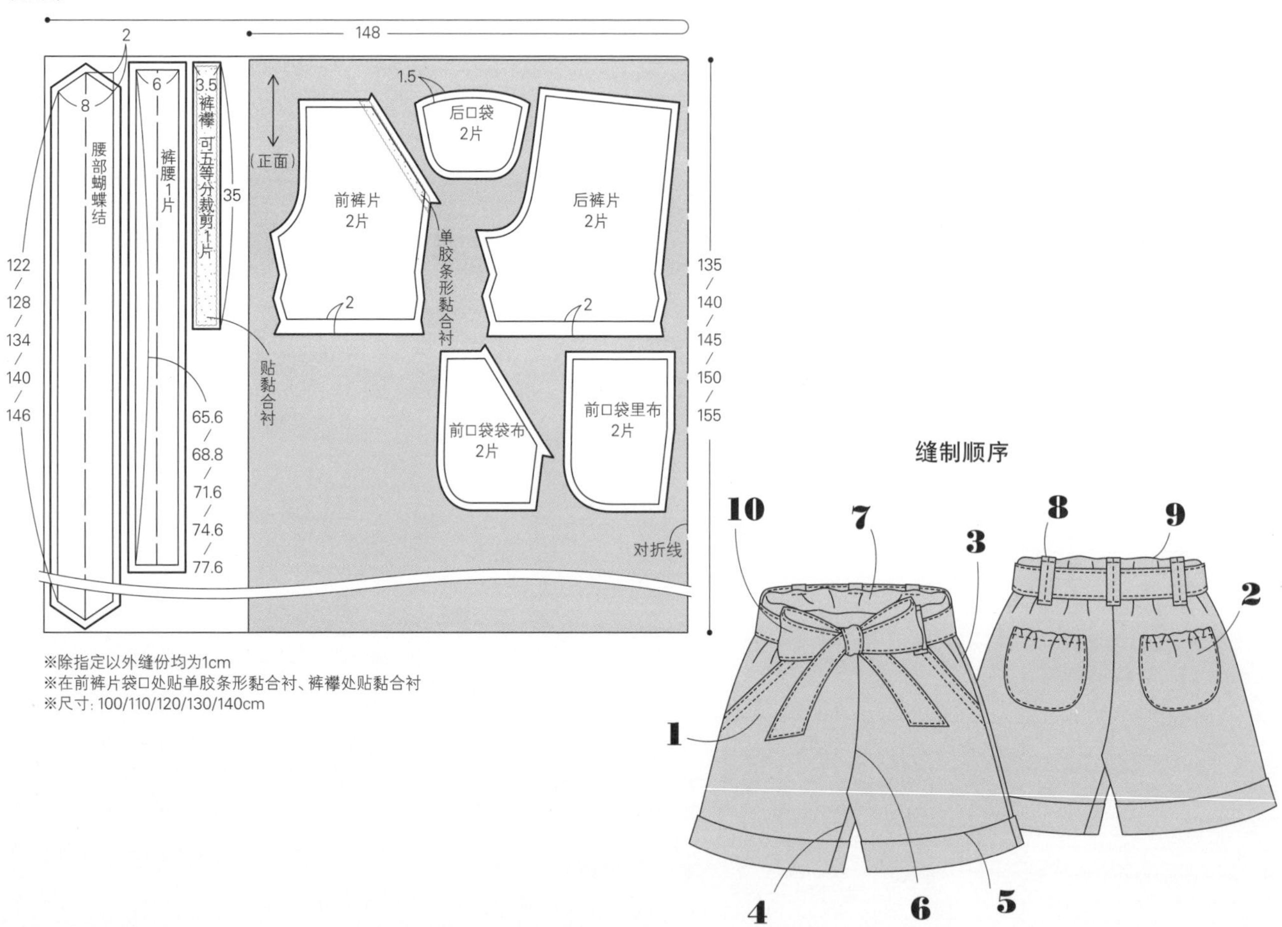


※除指定以外缝份均为1cm
※在前裤片袋口处贴单胶条形黏合衬、裤襻处贴黏合衬
※尺寸：100/110/120/130/140cm

## 2 后口袋的做法和缝制

①后口袋口Z字形锁边缝

1.5 0.7 ②后口袋口折边缝合

后口袋（反面）

回针缝 0.5

④将后口袋车缝到后裤片相应位置

后裤片（正面）

后口袋（正面）

0.2

后口袋（反面）

③将松紧带平分两段并将其穿到做好的后口袋口折边里并将两端假缝

※将弧线整理平整的方法参照P49

## 3、4 缝侧缝和下裆
## 5 处理裤脚折边

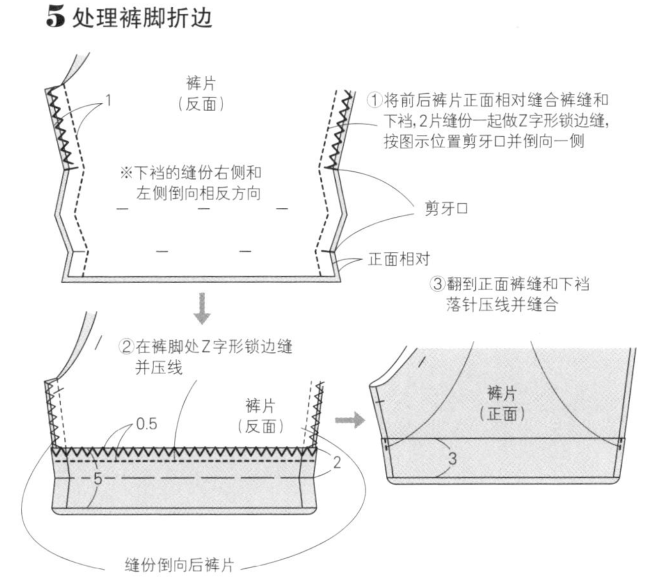


## 7 缝上裤腰

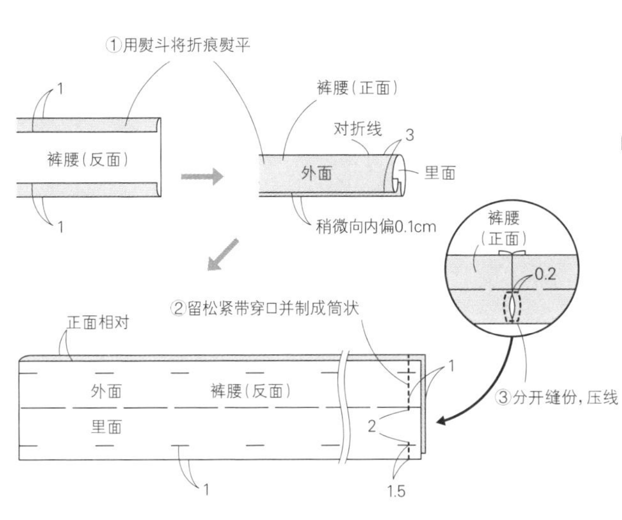


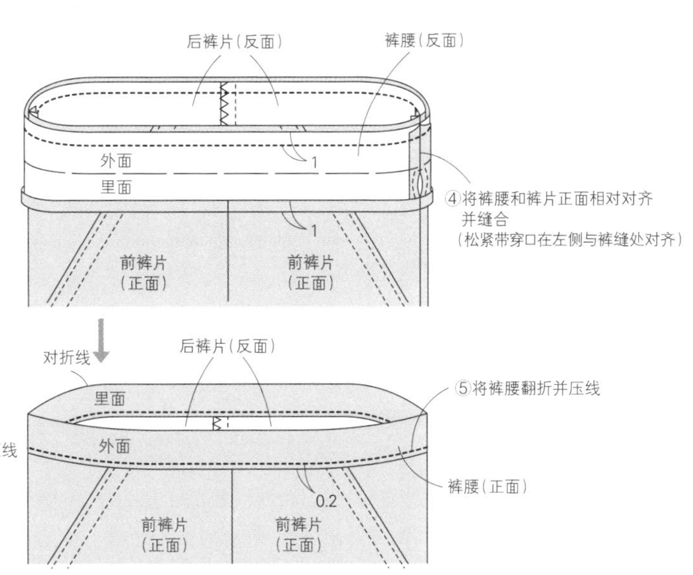


## 10 制作腰部蝴蝶结

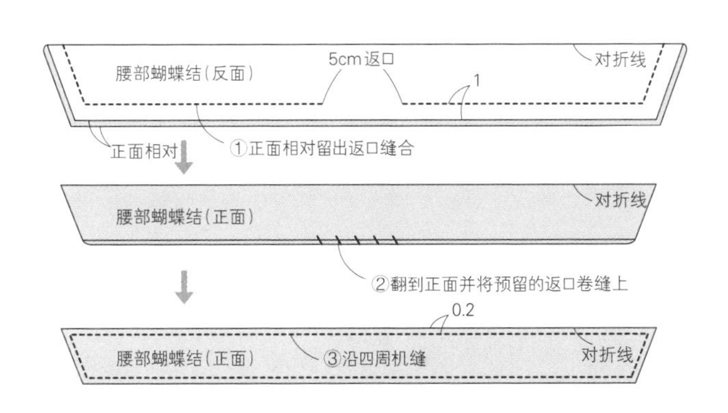


## 8 裤襻的做法和缝制

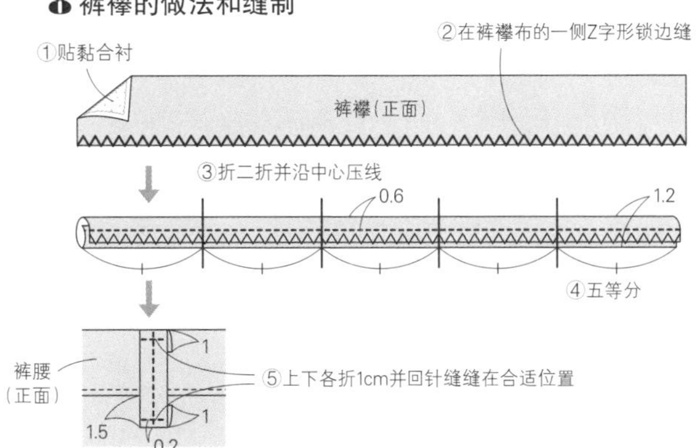

# 09 基本款 牧童裤

作品 ★ P14 实物大纸型 B 面

**材料**※尺寸：100/110/120/130/140cm
使用布（紫色亚麻布）110cm×110/120/130/140/150cm
松紧带2cm×46/49/51/53/56cm

**成品尺寸**
裤长：37.5/42.5/46.5/50.5/53.5cm

**缝制顺序**
**1**前口袋的做法和缝制。
**2**后裤片和后育克的缝制。
**3**缝侧缝。
**4**缝下裆。
**5**缝上裆。
**6**制作裤腰并穿松紧带。
**7**裤脚折二折并缝制。
★步骤**6**参照P34~39裤子的做法

# 10 变化款 南瓜裤

作品 ★ P15 实物大纸型 B 面

**材料**※尺寸：100/110/120/130/140cm
使用布（棉麻帆布）110cm×70/80/80/90/90cm
另布（彩色亚麻布）110cm×30cm
松紧带2cm×46/49/51/53/56cm
褶皱松紧带1cm×68×70×74×78×82cm 2根
灰色蕾丝带1cm×50cm 2根

**成品尺寸**
裤长：22.5/28/31/33.5/35.5cm

**缝制顺序**
**1**前口袋的做法与缝制。**2**后裤片和后育克缝合。
**3**缝侧缝。**4**裤脚折二折并缝制。
**5**给裤脚缝上褶皱松紧带。**6**缝下裆。
**7**缝上裆。**8**制作裤腰并穿松紧带。
**9**将做好的蝴蝶结缝到裤脚侧缝。
★步骤**1~3**、**7** **8**参照作品**09**的做法

〈**09**牧童裤〉

## 裁剪图

使用布

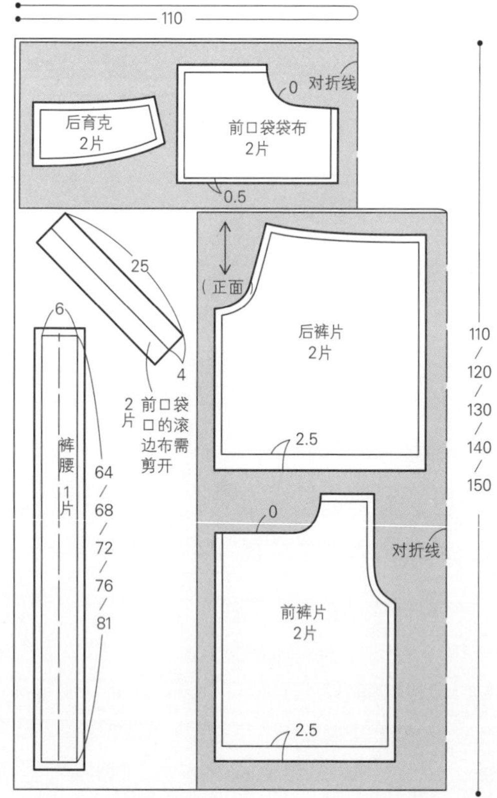


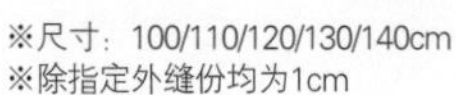
※尺寸：100/110/120/130/140cm
※除指定外缝份均为1cm

缝制顺序

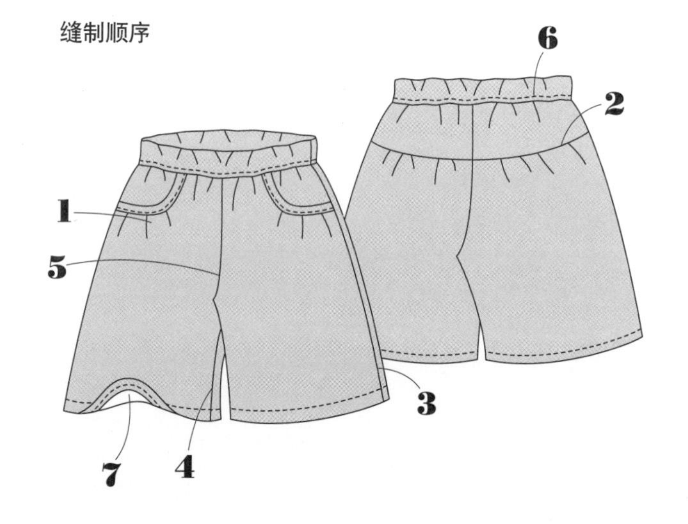

## 〈09牧童裤〉

### 1 前口袋的做法和缝制

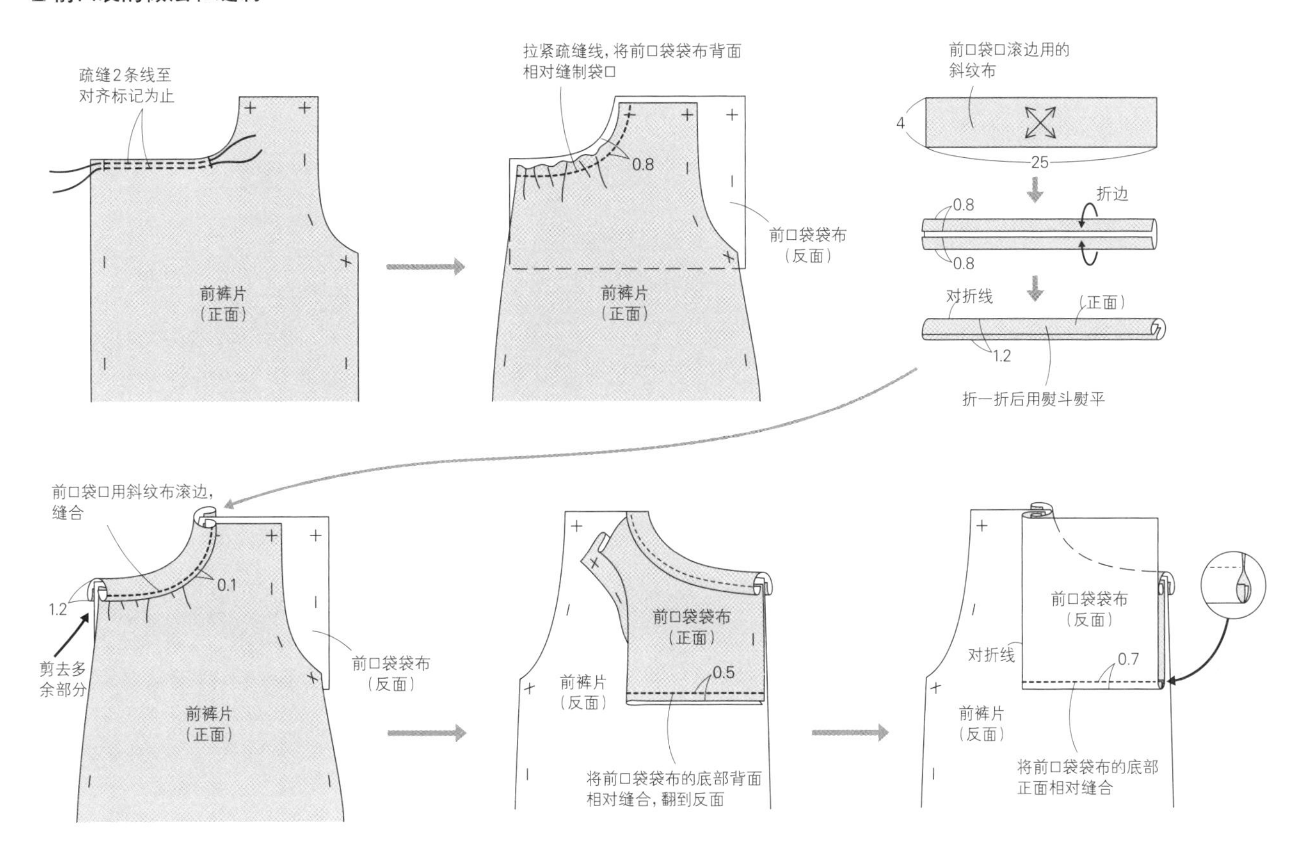


### 2 后裤片和后育克的缝制

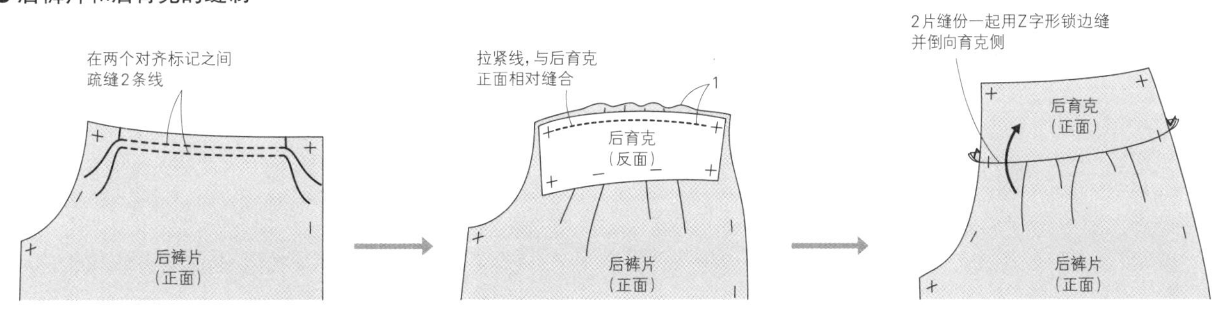


### 3 缝侧缝

1
后育克
（正面）
后裤片
（正面）
前裤片
（正面）

将前后裤片侧缝正面相对缝合，2片缝份一起做Z字形锁边缝并倒向后面

### 4、5 缝下裆和上裆

后育克（反面）
正面相对
将左右裤片正面相对缝合上裆，2片缝份用Z字形锁边缝并将缝份倒向一侧
③缝合
前裤片
（反面）
④Z字形锁边缝
1
二次缝合
下裆的缝份倒向后面
①缝合
②Z字形锁边缝

### 7 裤脚折二折并缝制

裤片（反面）
0.2
1
1.5
向里折二折并缝合

## 〈10 南瓜裤〉

### 裁剪图

使用布

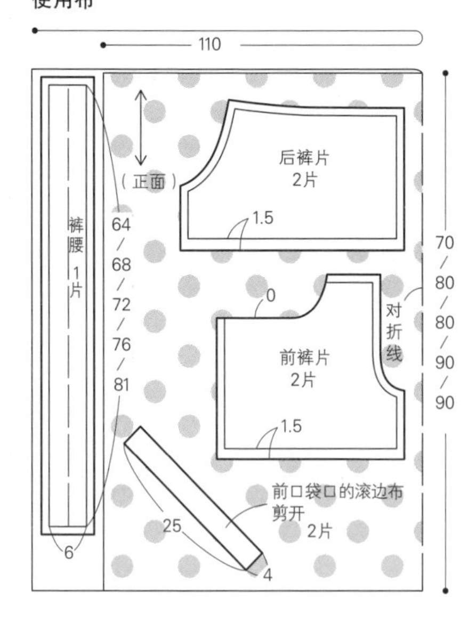


另布



### 缝制顺序

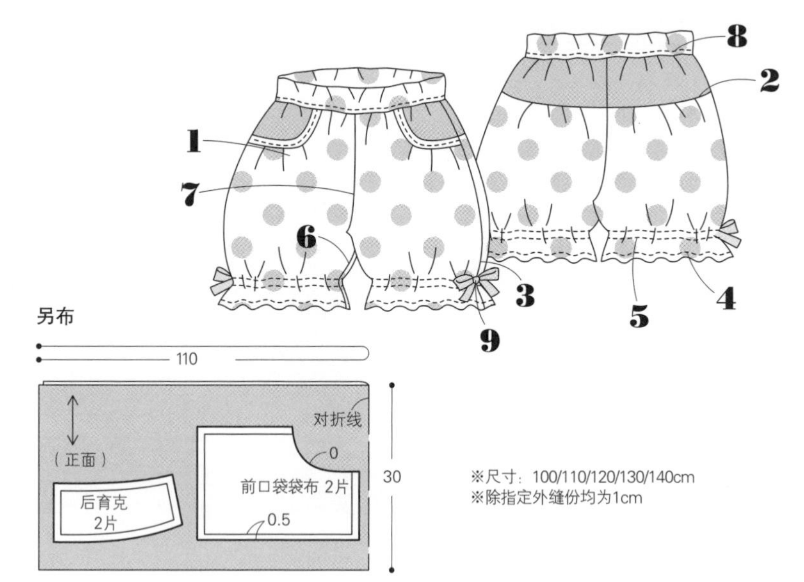


※尺寸：100/110/120/130/140cm
※除指定外缝份均为1cm

### 4、5 处理裤脚

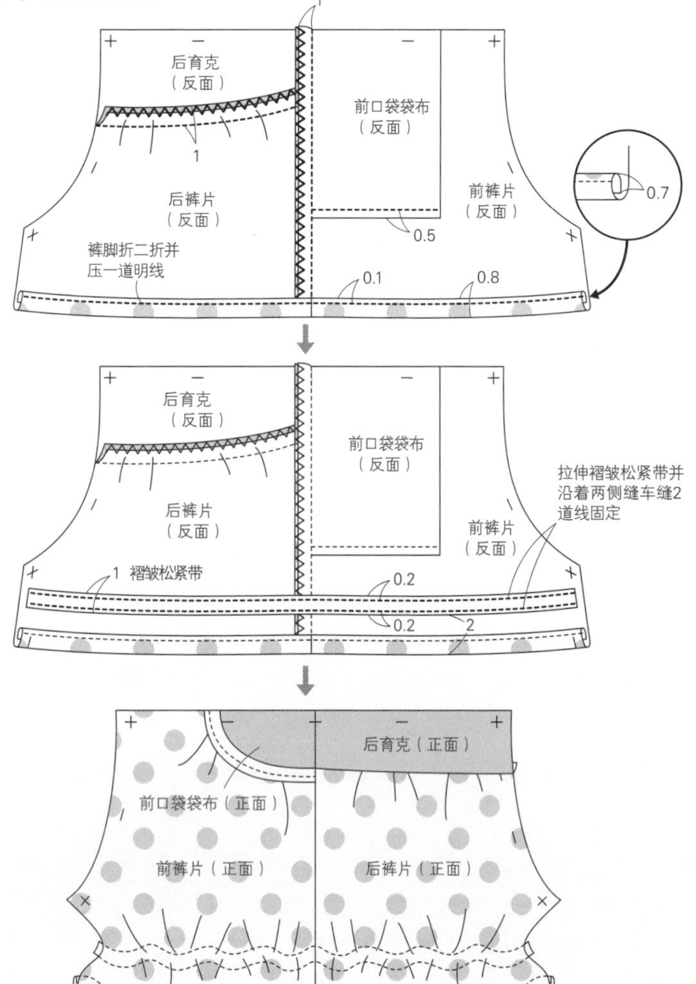


### 6 缝下裆

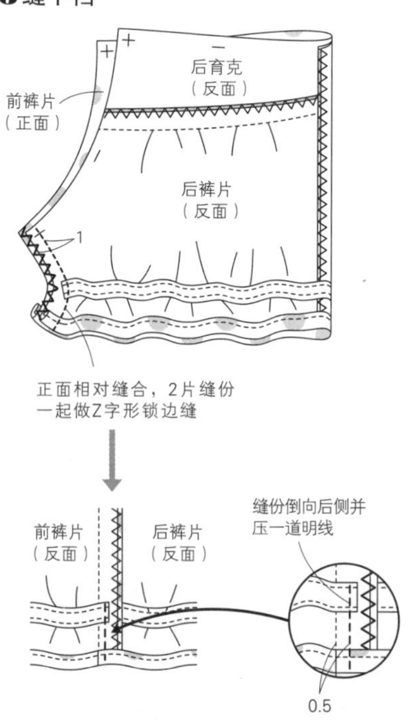


### 9 将做好的蝴蝶结缝到裤脚侧缝

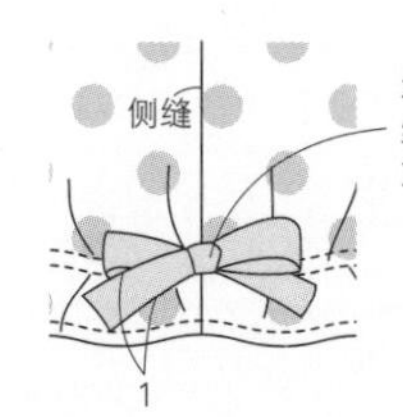


将长25cm的蕾丝带打成蝴蝶结并缝制到侧缝与裤脚褶皱松紧带重合处

# 11 灯笼裤

作品 ★ P16　实物大纸型 C 面

**材料**※尺寸：100/110/120/130/140/150cm
使用布（白色贡缎布）108cm×100/110/120/150/180/190cm
另布（条绒布）110cm×30cm
松紧带2cm×46/49/51/53/56/58cm
裤脚用松紧带1.5cm×38/40/42/46/50/54cm 2根
单胶条形黏合衬0.9cm×35cm
D形环1.5cm 1个
织带1.5cm×10cm

**成品尺寸**
裤长：57.7/65.7/72.6/79.6/86/92.6cm

**缝制顺序**
**1**前口袋的做法与缝制。
**2**后口袋的做法与缝制。
**3**将后裤片和后育克缝合。
**4**分别缝合前后裤片上的上裆。
**5**缝下裆。
**6**缝侧缝。
**7**穿有D形环的织带与裤腰的缝法。
**8**将裤脚折二折缝合并穿上裤脚用松紧带。
★步骤**1**～**6**参照P34~39裤子做法（下裆不压线）

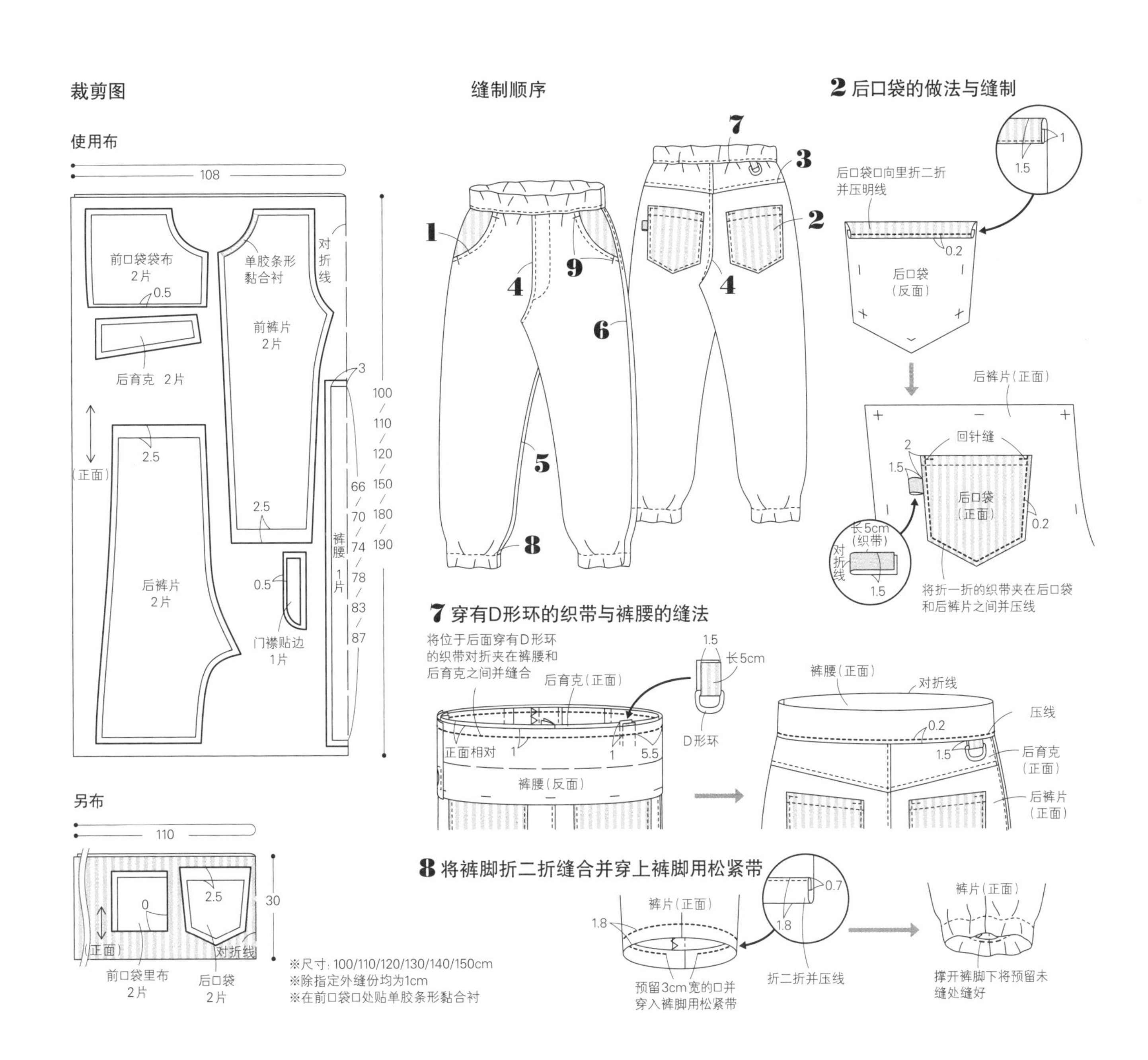


※尺寸：100/110/120/130/140/150cm
※除指定外缝份均为1cm
※在前口袋口处贴单胶条形黏合衬

# 13 针织裙

作品 ★ P18　实物大纸型 B 面

**材料**※尺寸：100/110/120/130/140cm
使用布（厚针织布・圆点图案）105cm×55/60/65/65/70cm
松紧带2.5cm×51/53/56/59/63cm
松紧带0.6cm×15/15.5/16/16.5/17cm
褶皱蕾丝花边5cm×74/78/82/86/90cm

**成品尺寸**
裙长：29/32/35/38/41cm

**缝制顺序**
**1**后口袋的做法与缝制。
**2**前口袋的做法与缝制。
**3**缝侧缝。
**4**做裙腰并穿松紧带。
**5**下摆处缝上褶皱蕾丝花边。

# 19 三段式节裙

作品 ★ P24

**材料**※尺寸：100/110/120/130/140 cm
使用布（马德拉斯格子布）100cm×100/105/110/115/120cm
松紧带2.5cm×51/53/56/59/63cm

**成品尺寸**
裙长：30.5/33/35.5/38/40.5cm

**缝制顺序**
**1**在适当位置分别做好对齐记号。
**2**缝第1节裙片的侧缝。
**3**缝第2、第3节裙片的侧缝。
**4**在第2节裙片上边做上褶子并和第1节裙片下边缝合。
**5**在第3节裙片上边做上褶子并和第2节裙片下边缝合。
**6**裙腰折二折缝合，穿上松紧带。
**7**将下摆每1cm折二折并缝合。
**8**裙腰处蝴蝶结的做法。
**9**裙襻的制作与缝制。
★步骤**9**参照P48

缝制顺序〈13〉

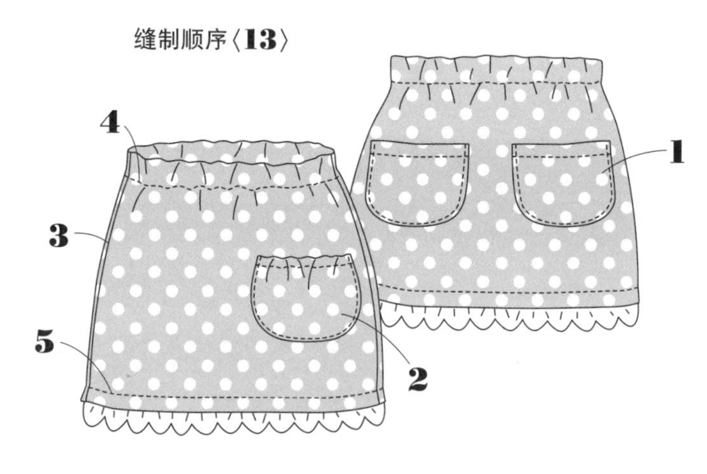


裁剪图〈19〉

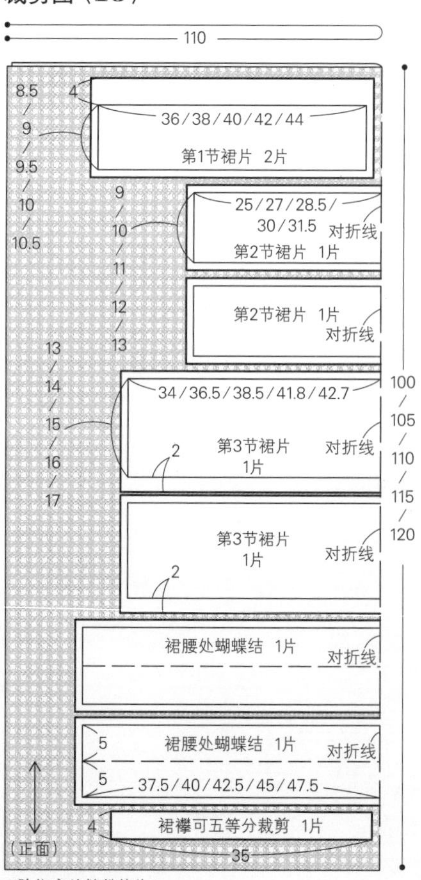


※除指定外缝份均为1cm
※尺寸：100/110/120/130/140 cm

缝制顺序〈19〉

**1** 在适当位置分别做好对齐记号

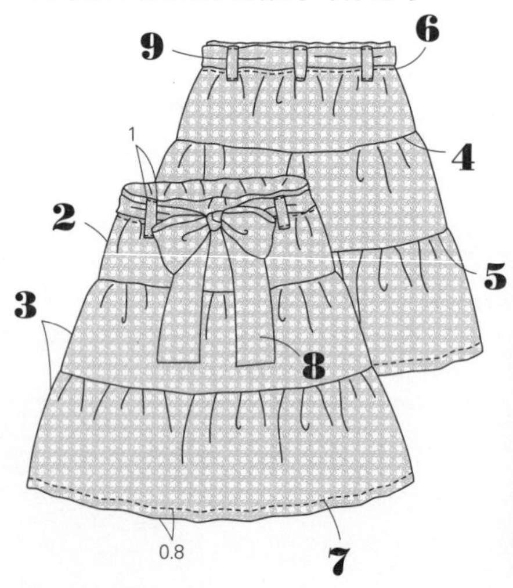


裁剪图〈13〉

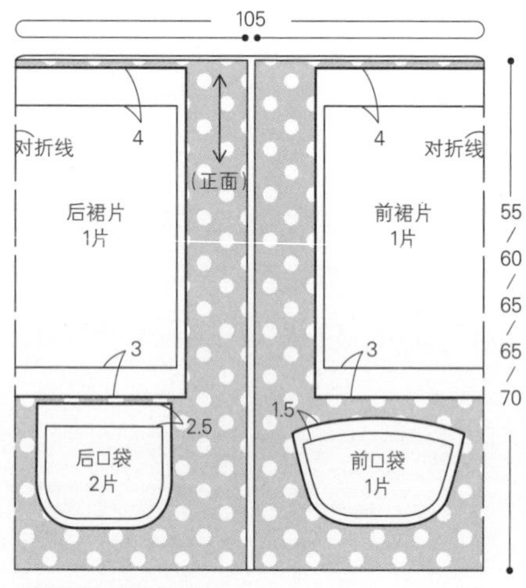


※除指定外缝份均为1cm
※尺寸：100/110/120/130/140cm

## 〈13针织裙〉

### 1 后口袋的做法与缝制

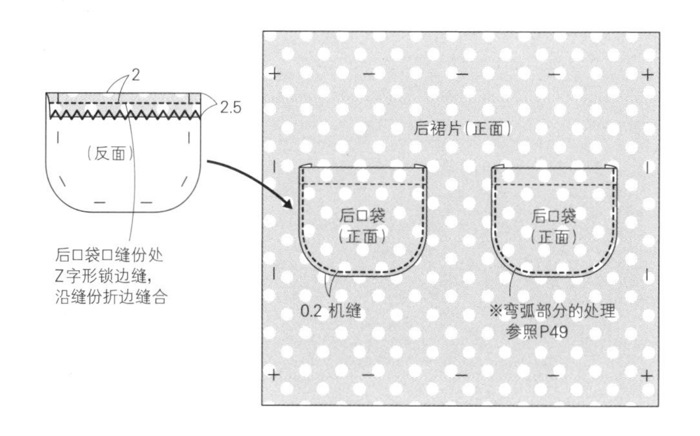


### 2 前口袋的做法与缝制

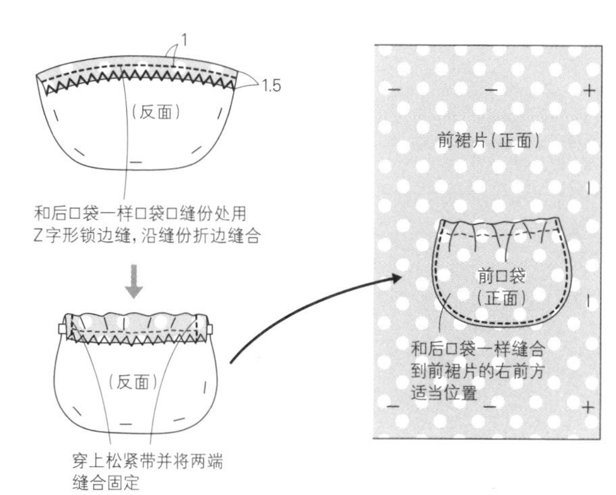


### 3、4 缝侧缝，做裙腰并穿松紧带

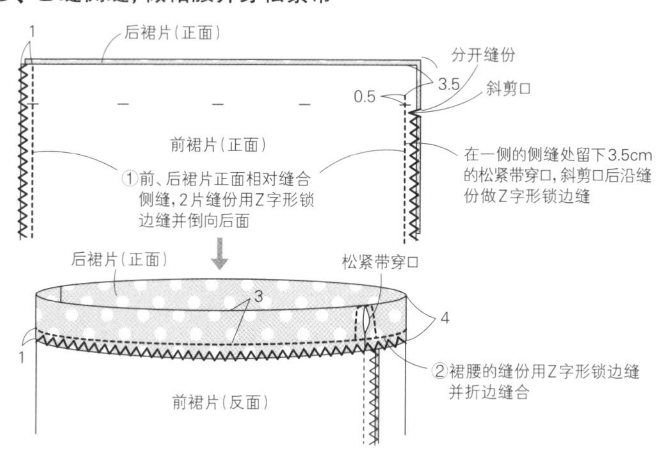


### 5 下摆处缝上褶皱蕾丝花边

②将裙片和圈状蕾丝花边正面
相对缝合(距离裙边2cm处
缝合)，2片一起Z字形锁边缝
1
①将蕾丝花边缝成圈
并Z字形锁边缝
后裙片(反面)
蕾丝花边(反面)
前裙片(正面)
裙片
(反面)
3
③裙片下摆折3cm
2
④距下摆2cm处缝合
裙片
(正面)
对折线

## 〈19三段式节裙〉

### 1 在适当位置分别做好对齐记号

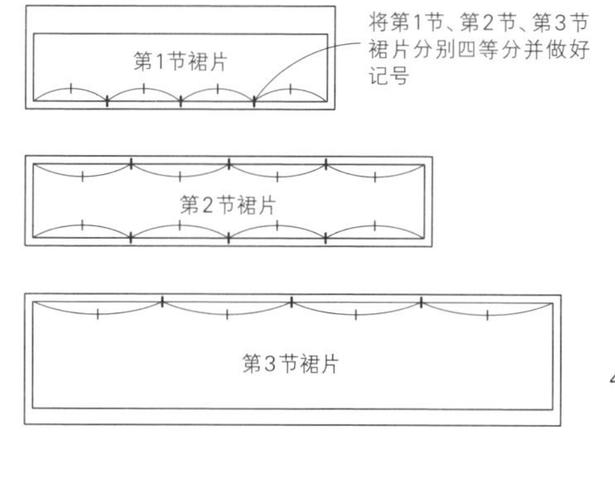


### 2、3 侧缝的缝制

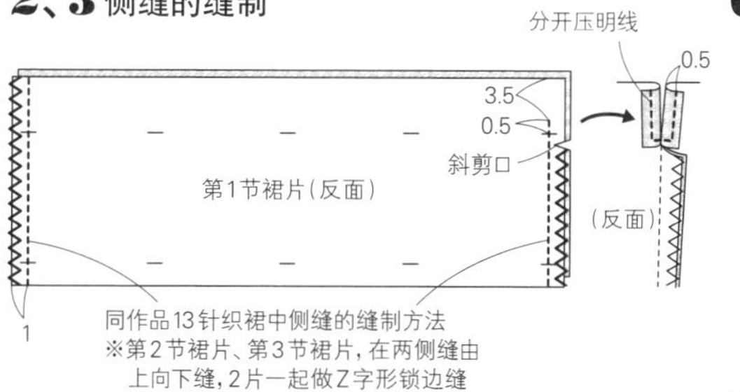


### 4、5 各节裙片的缝合方法

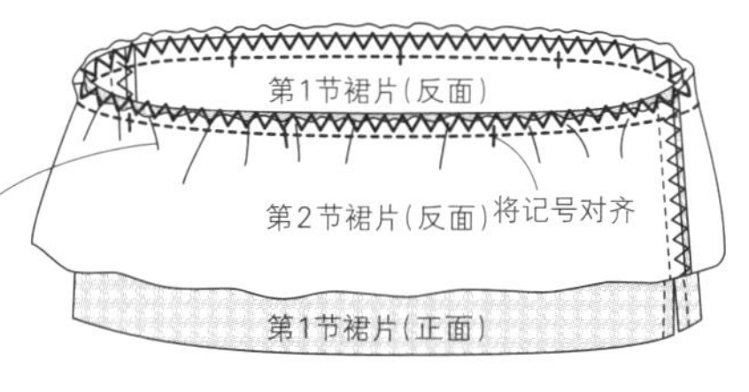


### 6 处理裙腰

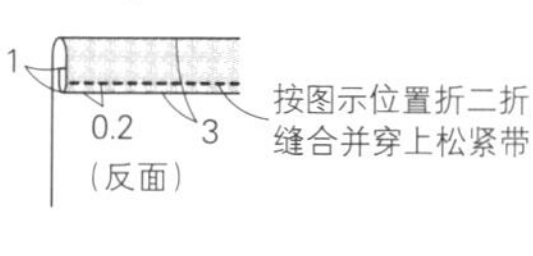


### 8 裙腰处蝴蝶结的做法

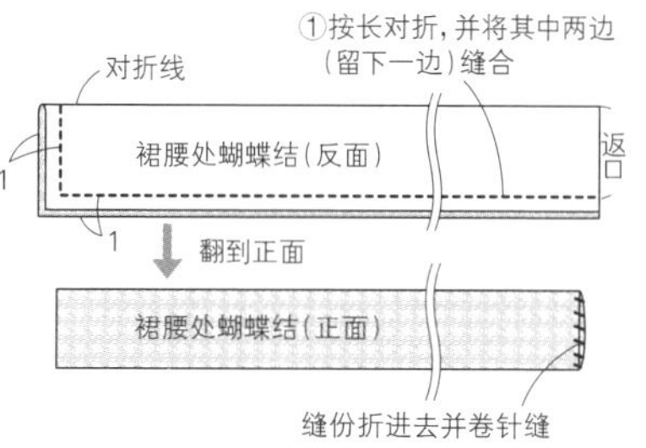


※裙襻做法参考P48，做五等分裁剪，
从裙后部中间位置开始将5个裙襻
均匀缝到裙腰上

# 14 百褶裙

作品★ P19

**材料**※尺寸：100/110/120/130/140cm
使用布（先染苏格兰格子布）110cm×65/70/75/80/85cm
松紧带3cm×53/56/59/62/65cm
褶皱蕾丝花边1.5cm×35cm
直径1.7cm木制花形纽扣　2颗

**成品尺寸**
裙长28.5/31.5/34.5/37.5/40.5cm

**缝制顺序**
**1**做前育克。
**2**下摆处做出折痕。
**3**将褶子折叠并疏缝固定。
**4**缝合前后裙片的侧缝。
**5**缝合前后育克的侧缝。
**6**将育克和裙片缝合。
**7**将裙腰折边缝合并穿松紧带。
**8**在前育克中间位置缝上木制花形纽扣。
**9**下摆折边并缝合。
★步骤**4**参照P65（两侧缝自上而下缝合，并将2片缝份Z字形锁边缝）

**裁剪图**

**使用布**

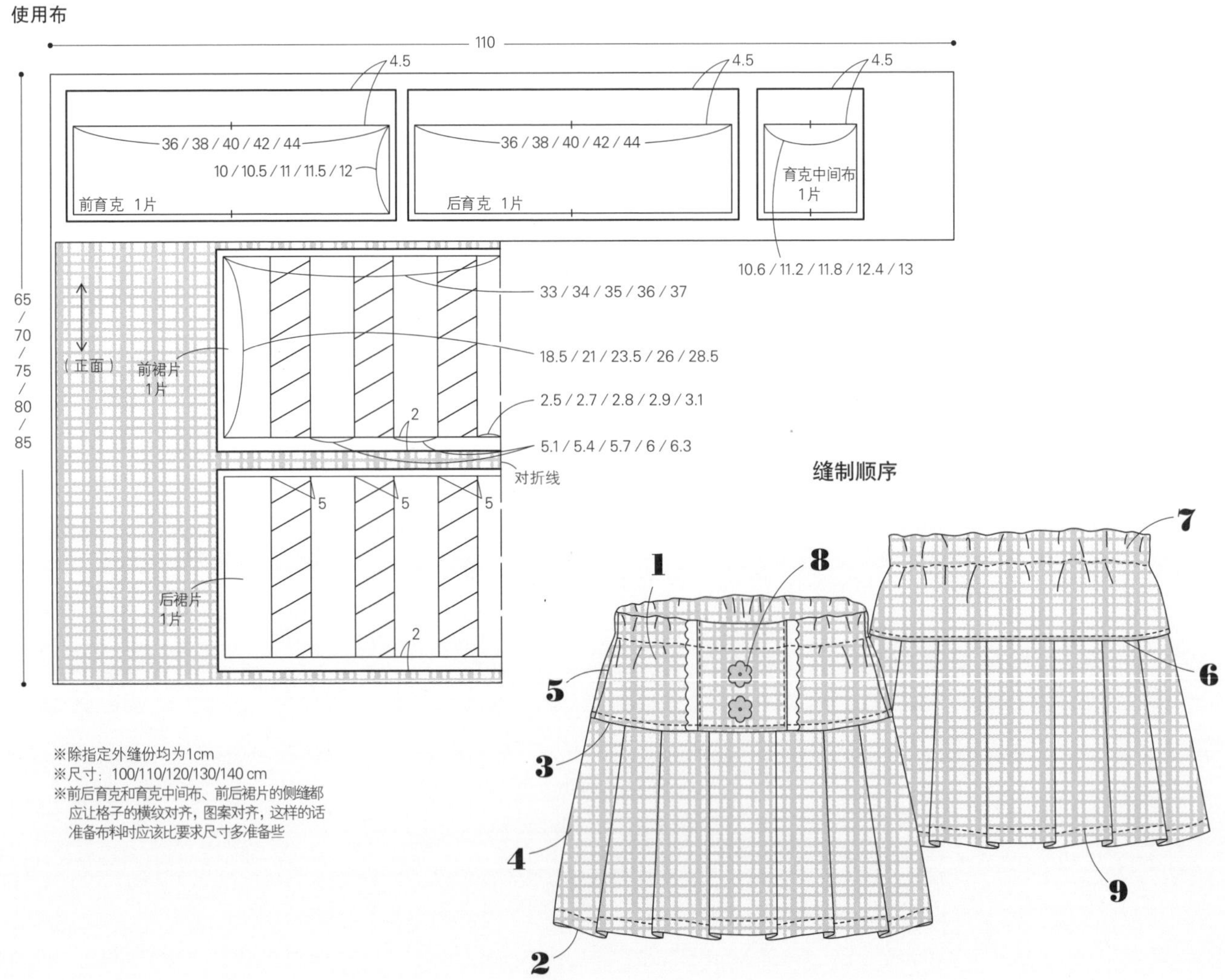


※除指定外缝份均为1cm
※尺寸：100/110/120/130/140 cm
※前后育克和育克中间布、前后裙片的侧缝都应让格子的横纹对齐，图案对齐，这样的话准备布料时应该比要求尺寸多准备些

## 1 做前育克

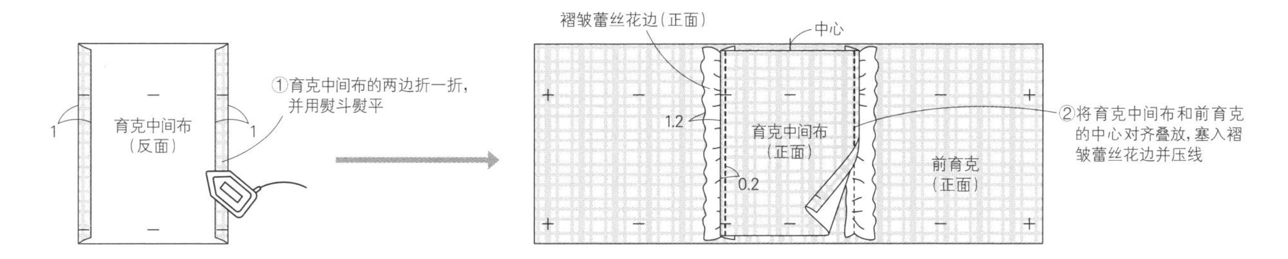


## 2、3 下摆处做出折痕，将裙子折叠并疏缝固定

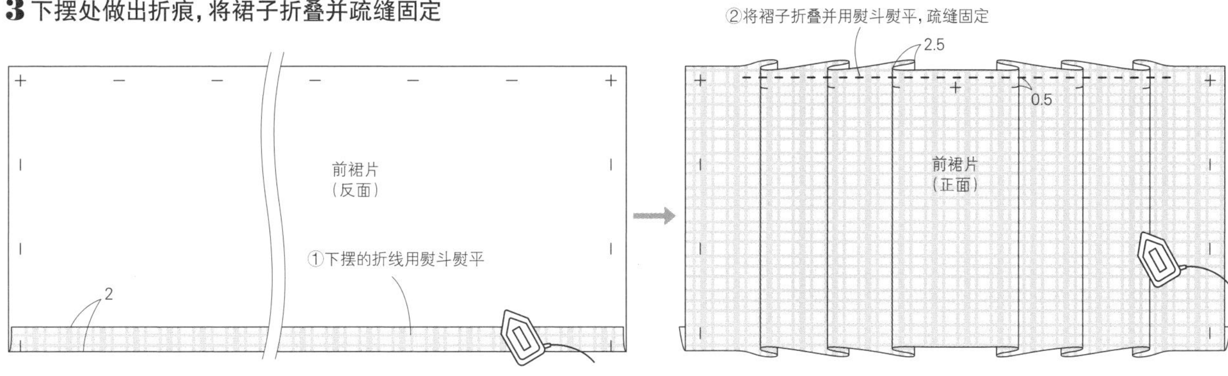


## 5 缝合前后育克的侧缝

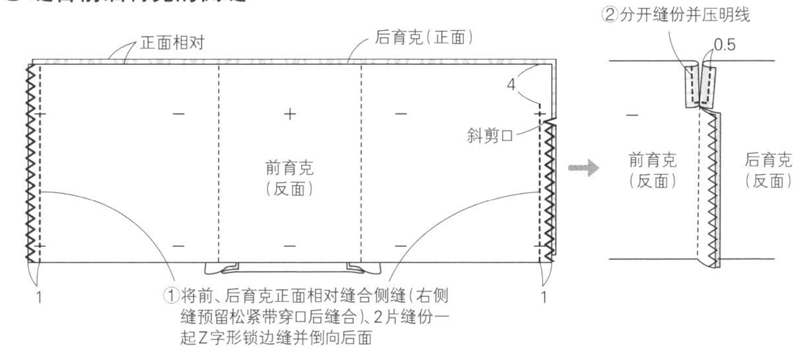


## 9 下摆折边并缝合

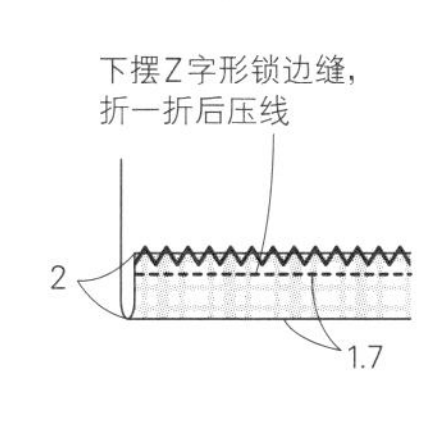


## 6 将育克和裙片缝合

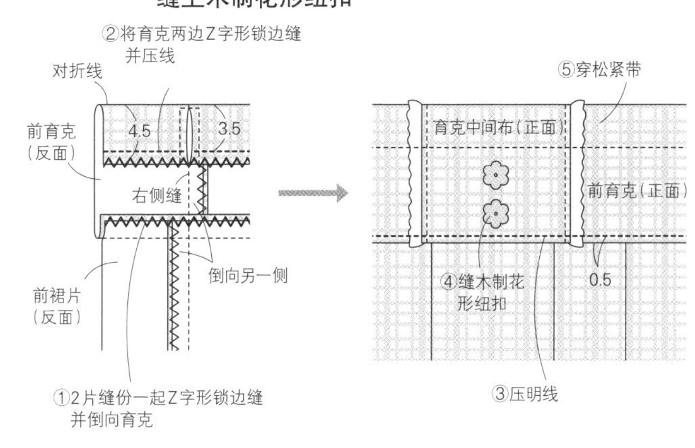

## 7、8 将裙腰折边缝合并穿松紧带，在前育克中间位置缝上木制花形纽扣

# 15 基本款 焦特马裤

作品★ P21　实物大纸型 C 面

**材料**※尺寸：100/110/120/130/140cm
使用布（苎麻亚麻 先染青年布）110cm×70/80/90/100/110cm
松紧带2cm×45/46/48/50/52cm

**成品尺寸**
裤长46.5/50/54.5/60/66cm

**缝制顺序**
**1**后口袋的做法与缝制。
**2**在裤腰和裤脚处做出褶皱。
**3**侧缝处褶皱的缝法。
**4**缝下裆。
**5**缝上裆。
**6**裤脚折二折并缝合。
**7**缝裤腰并穿松紧带。
★步骤**4**、**5**参照P34~39裤子的做法（贴边和下裆、侧缝无须压线）

# 16 变化款 灯笼式八分裤

作品★ P21　实物大纸型 C 面

**材料**※尺寸：100/110/120/130/140cm
使用布（绫织苎麻亚麻 先染光边布）110cm×100/110/110/120/130cm
裤腰用松紧带2cm×45/46/48/50/52cm
裤脚用松紧带2cm×42/44/46/48/50cm

**成品尺寸**
裤长：46.5/50/54.5/60/66cm

**缝制顺序**
★除步骤**4**、**6**以外，请参照作品**15**焦特马裤的做法（没有**2**、**3**中的裤脚褶皱）
**4**在裤脚处预留松紧带穿口并缝下裆。
**6**裤脚处折二折并缝合，穿松紧带。

裁剪图〈**15**〉使用布

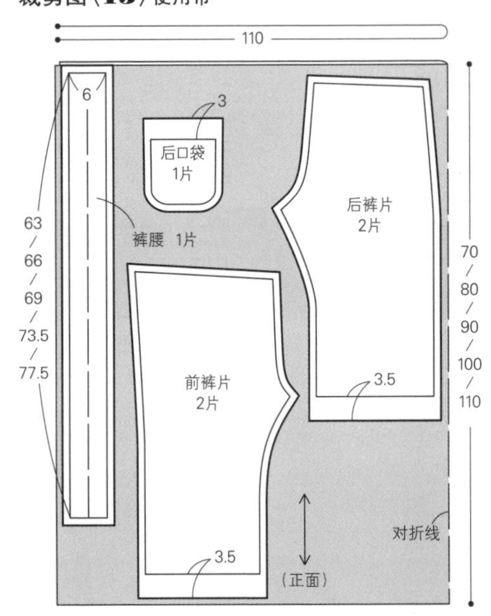


※除指定外缝份均为1cm
※尺寸：100/110/120/130/140cm

缝制顺序〈**15**〉

缝制顺序〈**16**〉

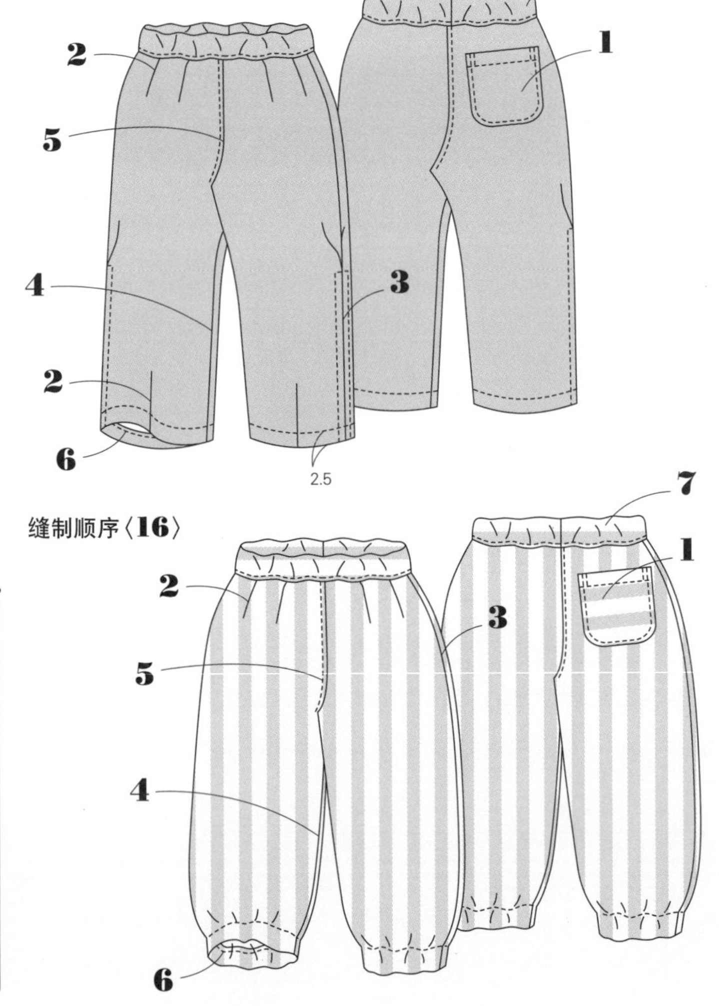


裁剪图〈**16**〉使用布

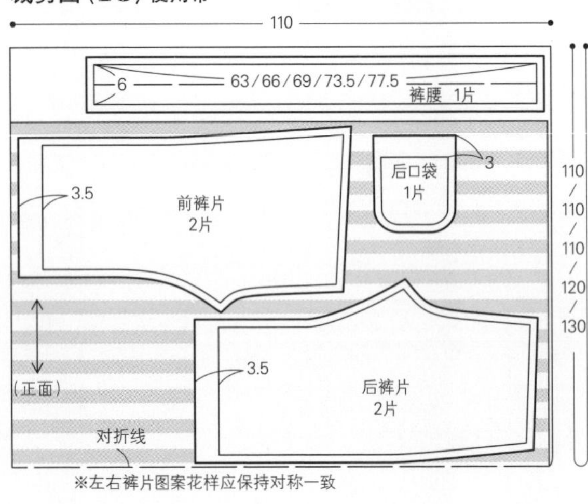


※左右裤片图案花样应保持对称一致

## 1 后口袋的做法与缝制　2 在裤腰和裤脚处做出褶皱

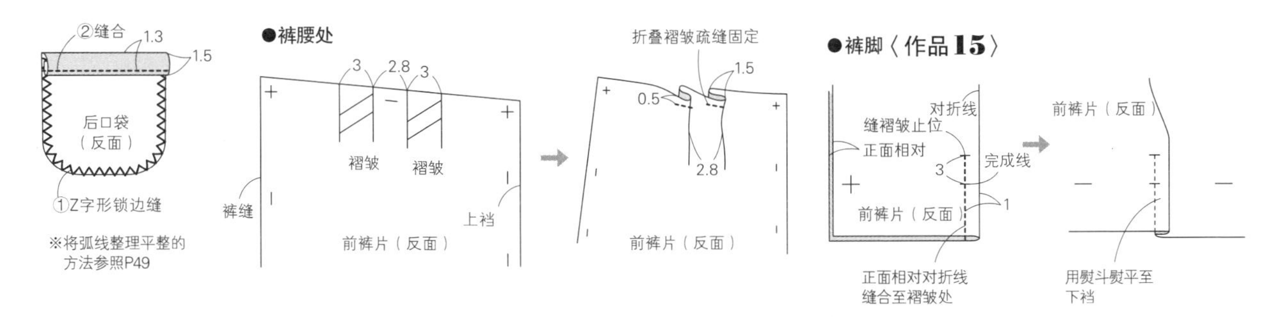


## 3 侧缝处褶皱的缝法〈作品15〉

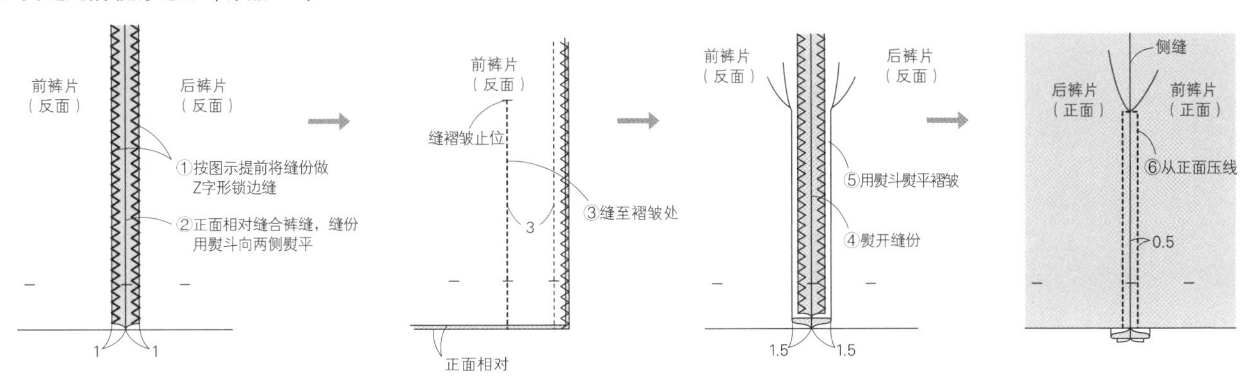


## 4、6 缝下裆、裤脚折二折并缝合〈作品16〉

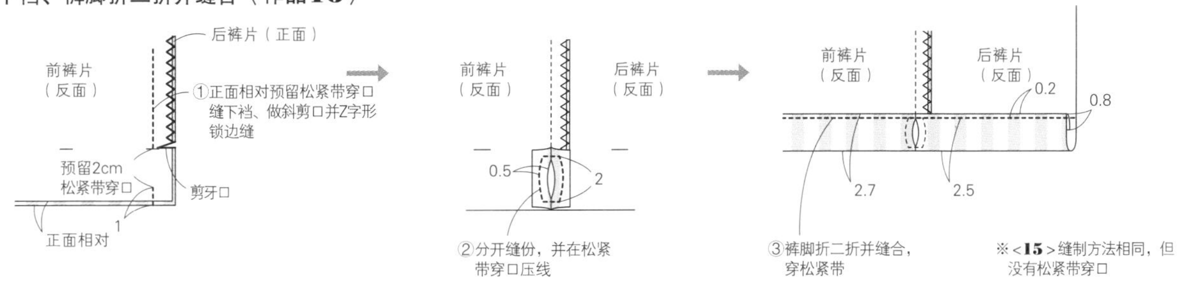


## 7 缝裤腰并穿松紧带

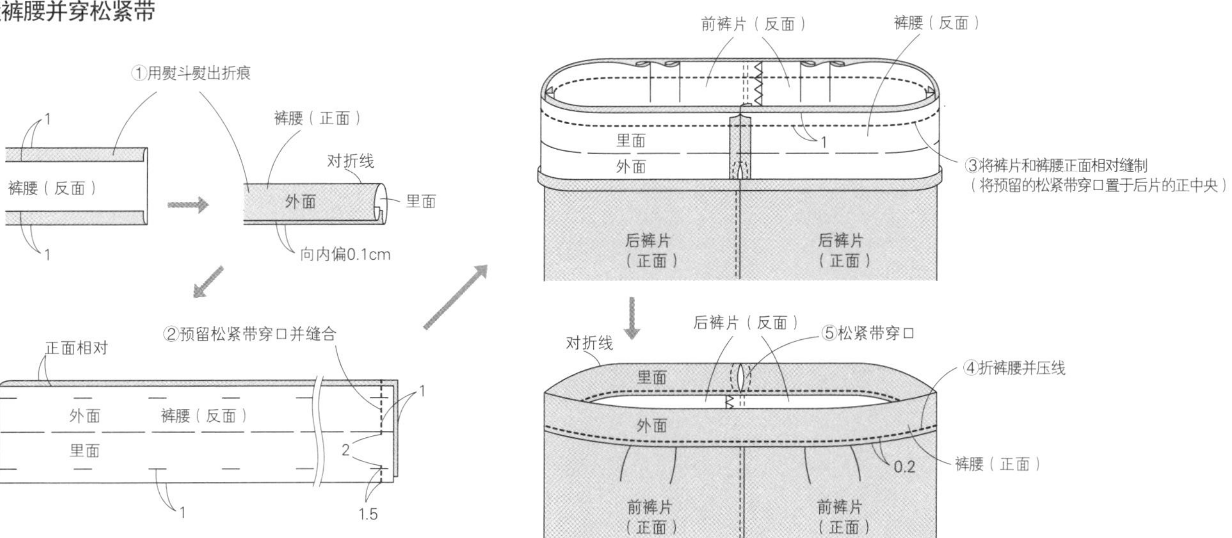

## 17 基本款 牛仔裙

作品★ P23　实物大纸型 C 面

**材料**※尺寸：100/110/120/130/140cm
使用布（棉麻牛仔布）110cm×60/65/65/70/75cm
另布（松紧罗纹布）50cmW宽×15cm
另布（薄棉布）110cm×25cm
黏合衬15cm×6cm
松紧带3cm×44/46/48/50/52cm

**成品尺寸**
裙长：29.5/32/34.5/37/40cm

**缝制顺序**
**1**前裙片上做装饰性的压线。
**2**前口袋的做法与缝制。**3**后口袋的做法与缝制。
**4**缝合后育克和后裙片。
**5**缝前后裙片的中线。**6**缝侧缝。
**7**下摆折二折缝合。
**8**缝裙腰并穿松紧带。
★步骤**4**参照P34~39裤子的做法，步骤**6**参照P48，步骤**8**参照P54

## 18 变化款 裙裤

作品★ P23　实物大纸型 C 面

**材料**※尺寸：100/110/120/130/140cm
使用布（彩色格子布）110cm×60/65/65/70/70cm
另布（薄罗纹针织布）50cmW宽×15cm
另布（罗纹针织布）110cm×60/65/70/75/80cm
松紧带3cm×44/46/48/50/52cm

**成品尺寸**
裤长：46.5/49/53/56/60cm
裙长同作品**17**牛仔裙

**缝制顺序**
**1**缝裤脚。**2**缝下裆。
**3**缝上裆。**4**做裙子的前口袋。
**5**缝侧缝。**6**裙子下摆折二折缝合。
**7**裤子和裙子腰部重叠，缝合固定腰部。
**8**缝裙裤腰并穿松紧带。
★步骤**4**~**6**、**8**参照作品**17**

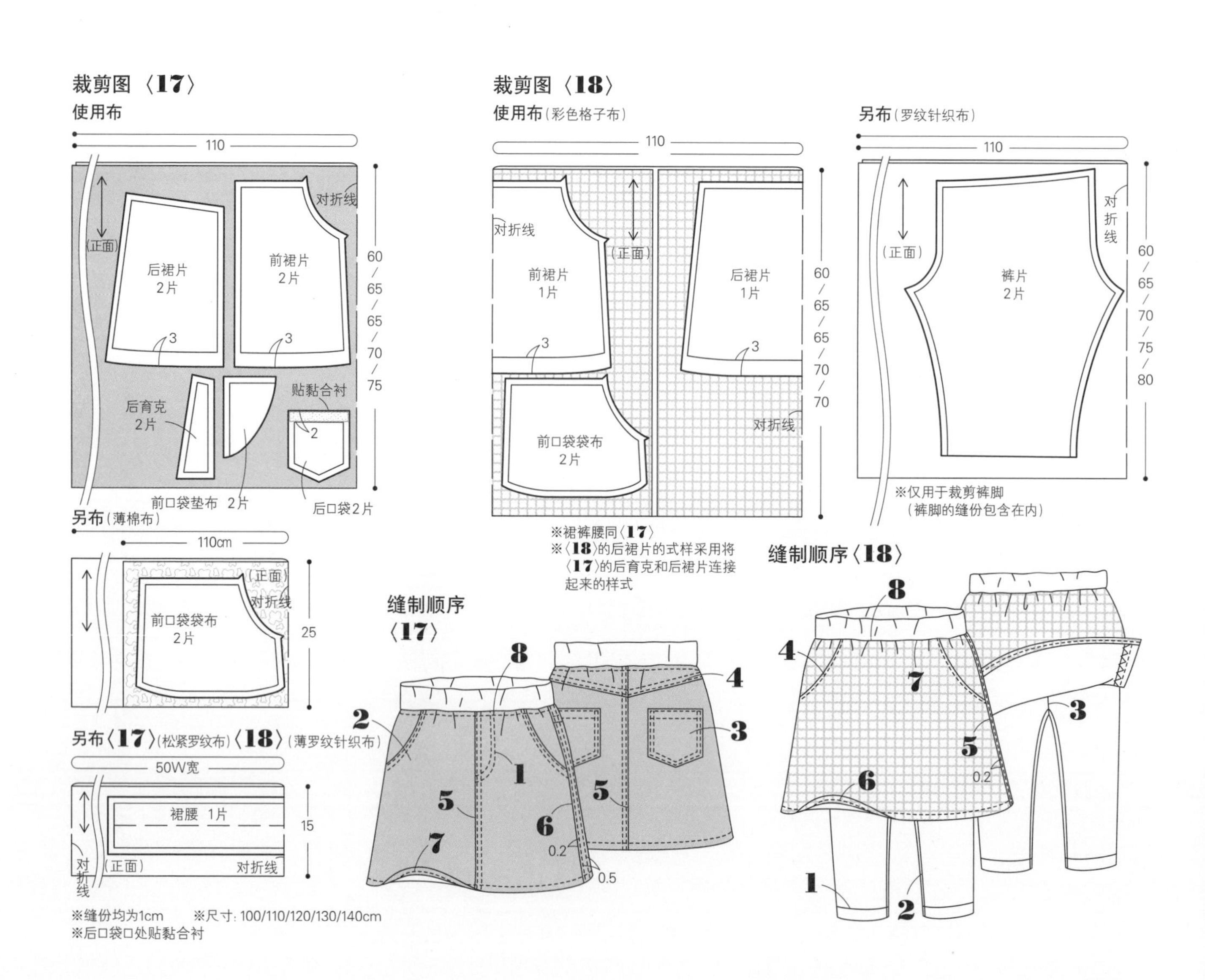

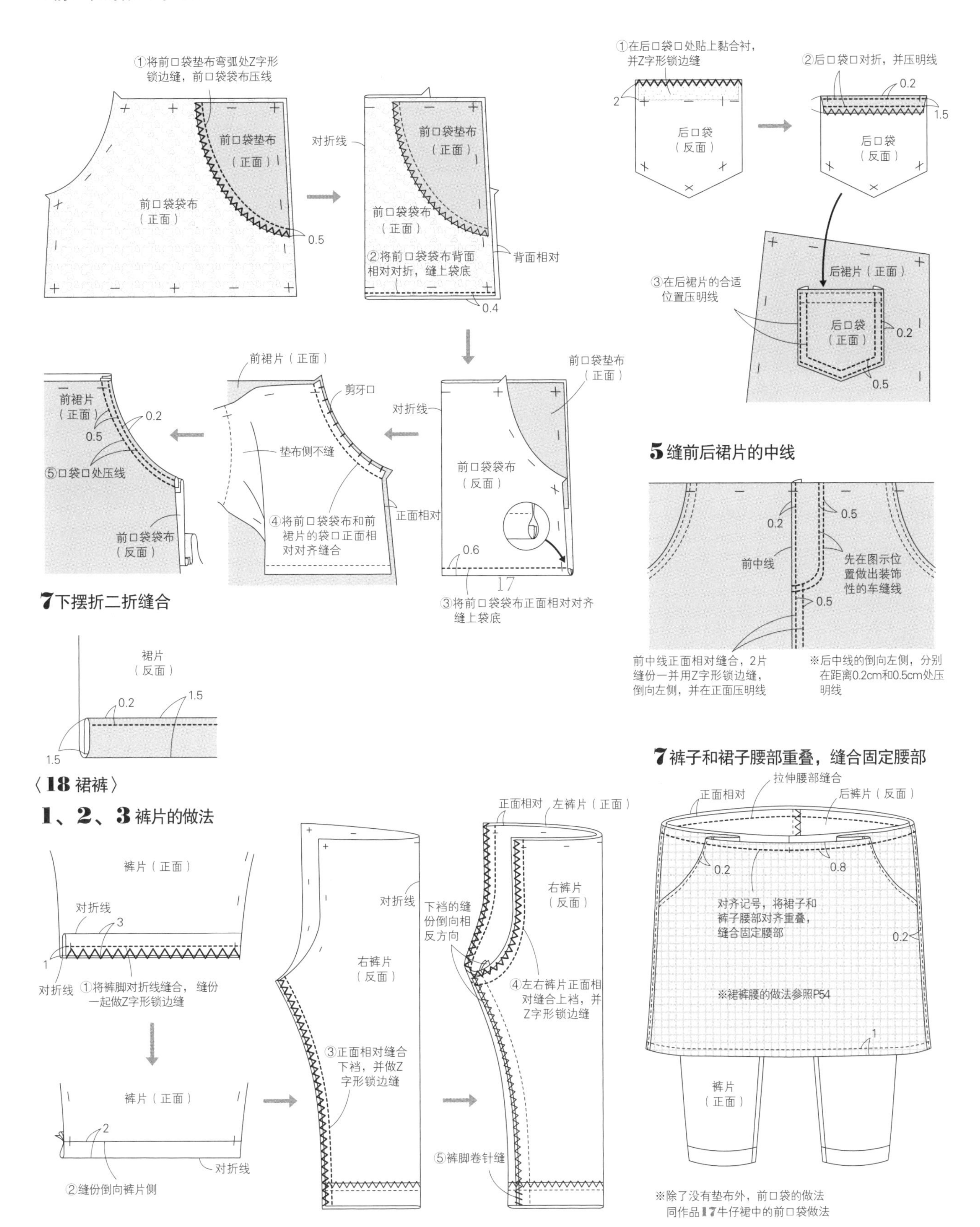
〈17牛仔裙〉
2前口袋的做法与缝制
①将前口袋垫布弯弧处Z字形锁边缝，前口袋袋布压线
前口袋垫布（正面）
前口袋袋布（正面）
0.5
对折线
②将前口袋袋布背面相对对折，缝上袋底
背面相对
0.4
前口袋垫布（正面）
前口袋袋布（反面）
0.6
③将前口袋袋布正面相对对齐缝上袋底
前裙片（正面）
剪牙口
垫布侧不缝
④将前口袋袋布和前裙片的袋口正面相对对齐缝合
正面相对
前裙片（正面）
0.2
0.5
⑤口袋口处压线
前口袋袋布（反面）
7下摆折二折缝合
裙片（反面）
0.2
1.5
1.5
3后口袋的做法与缝制
①在后口袋口处贴上黏合衬，并Z字形锁边缝
2
后口袋（反面）
②后口袋口对折，并压明线
0.2
1.5
后口袋（反面）
③在后裙片的合适位置压明线
后裙片（正面）
后口袋（正面）
0.2
0.5
5缝前后裙片的中线
0.2
0.5
前中线
先在图示位置做出装饰性的车缝线
0.5
前中线正面相对缝合，2片缝份一并用Z字形锁边缝，倒向左侧，并在正面压明线
※后中线的倒向左侧，分别在距离0.2cm和0.5cm处压明线
〈18裙裤〉
1、2、3裤片的做法
裤片（正面）
对折线
3
1
对折线
①将裤脚对折线缝合，缝份一起做Z字形锁边缝
裤片（正面）
2
对折线
②缝份倒向裤片侧
对折线
右裤片（反面）
③正面相对缝合下裆，并做Z字形锁边缝
正面相对
左裤片（正面）
下裆的缝份倒向相反方向
右裤片（反面）
④左右裤片正面相对缝合上裆，并Z字形锁边缝
⑤裤脚卷针缝
7裤子和裙子腰部重叠，缝合固定腰部
拉伸腰部缝合
正面相对
后裤片（反面）
0.2
0.8
对齐记号，将裙子和裤子腰部对齐重叠，缝合固定腰部
0.2
※裙裤腰的做法参照P54
1
裤片（正面）
※除了没有垫布外，前口袋的做法同作品17牛仔裙中的前口袋做法

## 20 基本款 纽扣装饰五分裤

作品★ P26 实物大纸型 D 面

**材料**※尺寸：100/110/120/130/140cm
使用布（法式亚麻斜纹布）110cm×70/70/80/80/90cm
另布（棉布）25cm×40cm
松紧带2cm×45/46/48/50/52cm
直径1.8cm的纽扣 4颗
单胶条形黏合衬1.2cm×45cm

**成品尺寸**
裤长：31/35/39/44/50cm

**缝制顺序**
**1**前口袋的做法与缝制。
**2**缝侧缝。
**3**缝下裆。
**4**缝上裆。
**5**裤脚折二折并缝合。
**6**缝裤腰并穿松紧带。
**7**缝上纽扣。
★步骤**6**参照P69

## 21 变化款 蝴蝶结装饰短裤

作品★ P26 实物大纸型 D 面

**材料**※尺寸：100/110/120/130/140cm
使用布、松紧带同作品**20**

**成品尺寸**
裙长：27/30/33/37/41cm

**缝制顺序**
**1**做蝴蝶结。
**2**将蝴蝶结固定在左侧裤片上，并缝合侧缝。
**3**缝下裆。
**4**缝上裆。
**5**裤脚的收缩处理。
**6**缝裤腰并穿松紧带。
★步骤**2**～**4**、**6**参照作品**20**（步骤**2**中仅左侧压线，步骤**4**中缝份倒向右裤片侧）

### 〈20 纽扣装饰五分裤〉

**裁剪图**

**使用布**

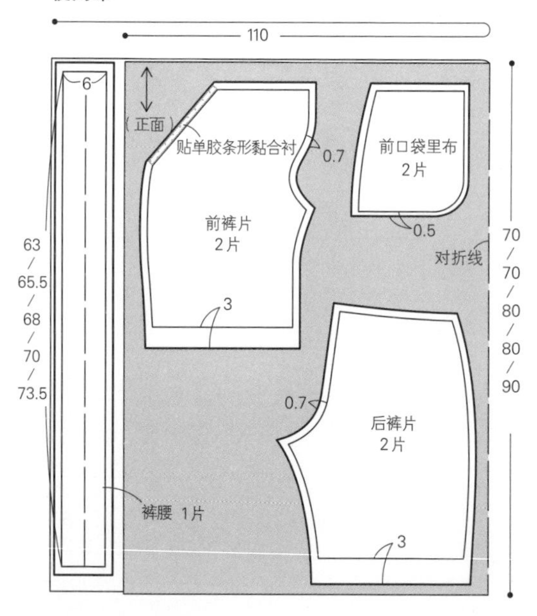


**另布**

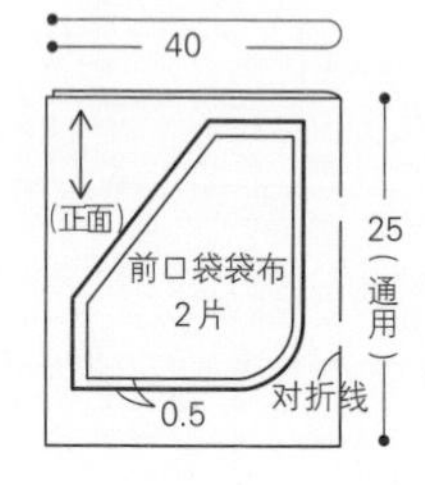


※除指定以外缝份均为1cm
※尺寸：100/110/120/130/140cm
※前裤片口袋口处贴单胶条形黏合衬

**缝制顺序**

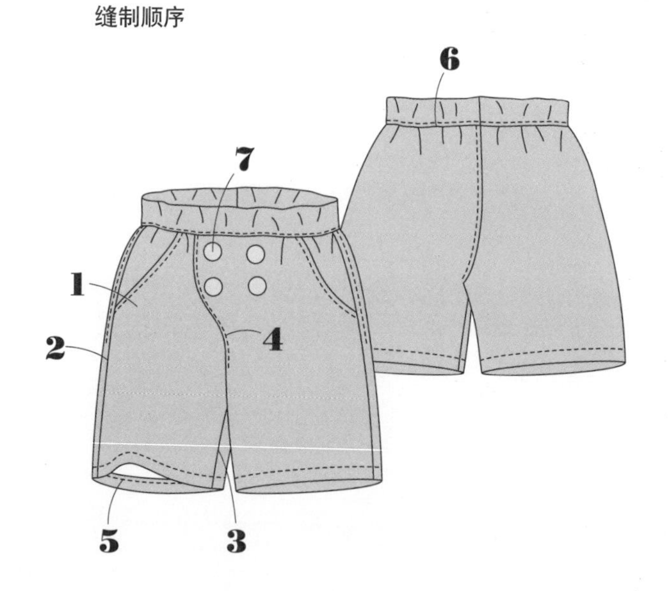

〈20纽扣装饰五分裤〉

## 1 前口袋的做法与缝制

①在前裤片的袋口处贴单胶条形黏合衬

1

前口袋布（反面）

前裤片（正面）

②前裤片和前口袋袋布正面相对在袋口处缝合

③将前口袋袋布翻至正面，用熨斗熨平然后在袋口正面压明线

控制在0.1cm

0.5

前口袋布（正面）

前裤片（反面）

④将前口袋袋布和前口袋里布正面相对缝合

前口袋袋布（正面）

前口袋里布（正面）

0.5

前裤片（反面）

⑤前口袋袋布和前口袋里布正面相对，用熨斗熨平然后压明线

前裤袋里布（反面）

0.5

前裤片（反面）

## 2 缝侧缝

⑥将裤缝处正面相对缝合，袋口位置压明线

0.2

前口袋里布（正面）

后裤片（正面）

前裤片（正面）

2片缝份一起Z字形锁边缝并倒向后裤片

## 3、4 缝下裆和上裆

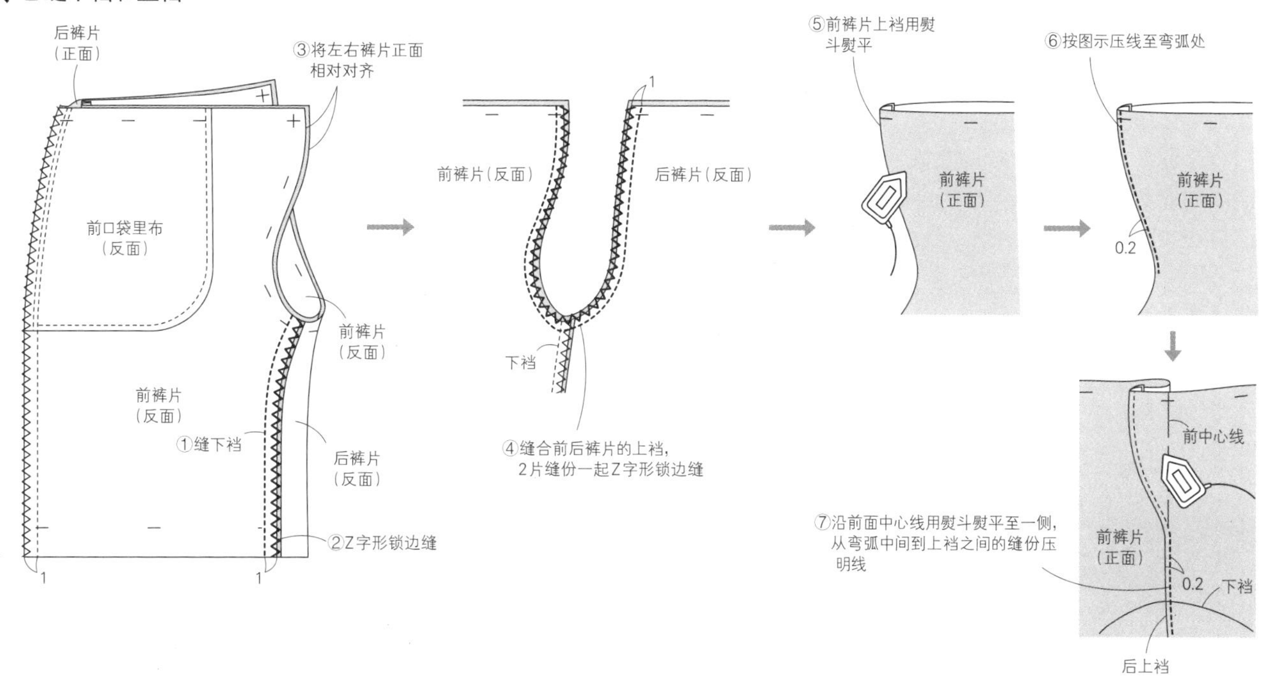


## 5 裤脚折二折并缝合

## 7 缝上纽扣

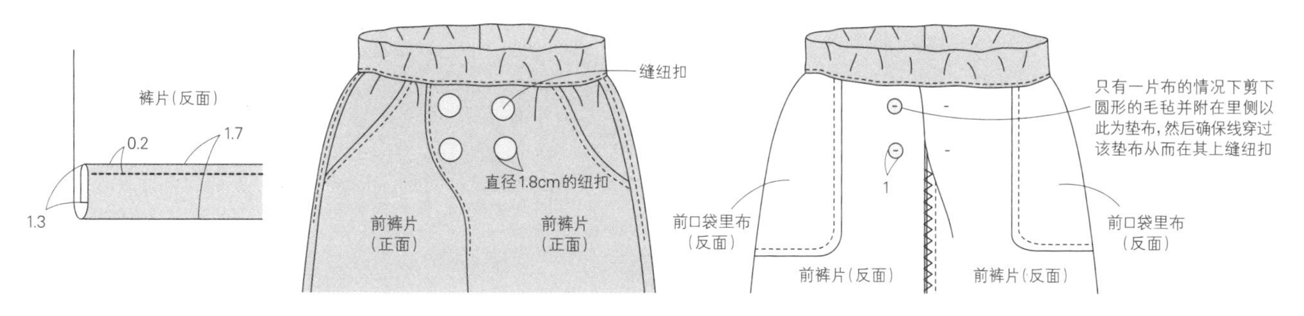

## 〈21 蝴蝶结装饰短裤〉

### 裁剪图

使用布

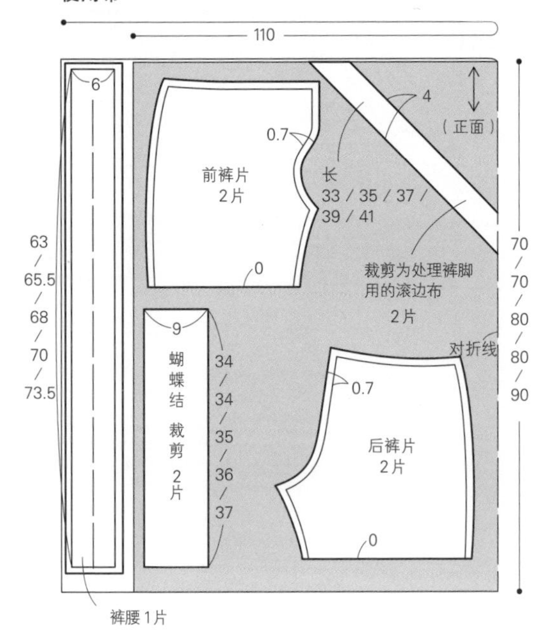


### 缝制顺序

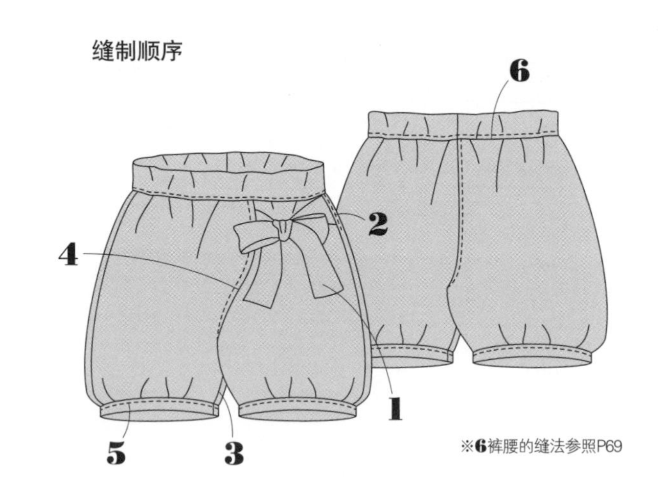


※6裤腰的缝法参照P69

※除指定以外缝份均为1cm
※尺寸：100/110/120/130/140cm

### 1、4 做蝴蝶结并缝上裆

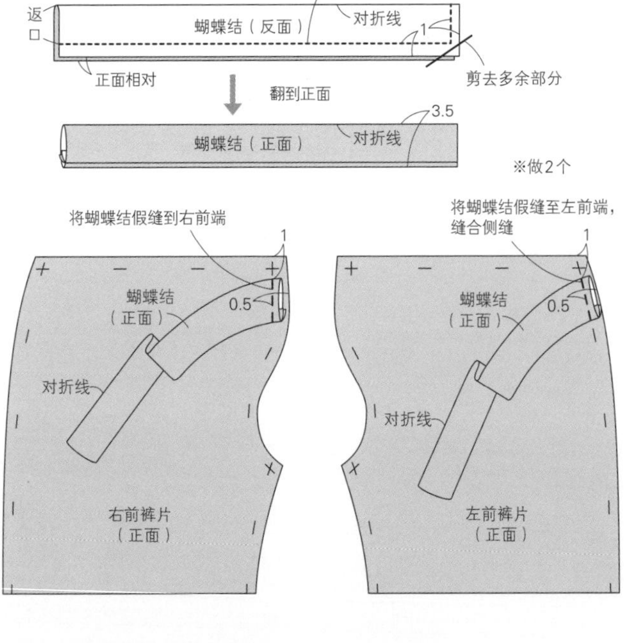


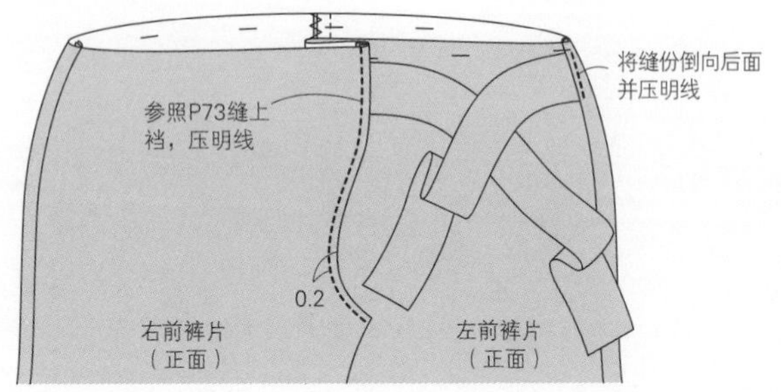


### 5 裤脚的收缩处理

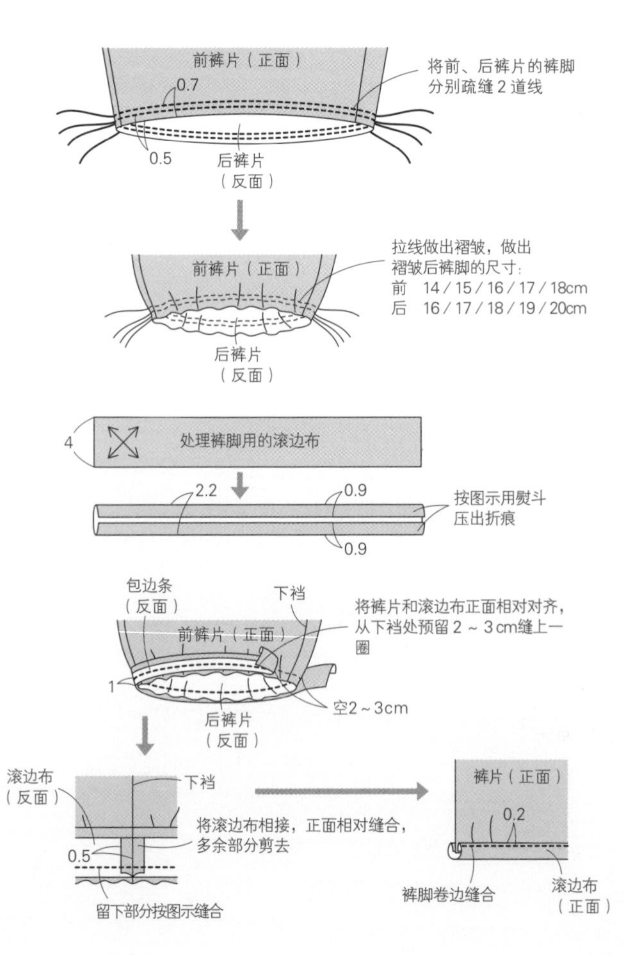

# 22 基本款 宽腿裤

作品★ P28 实物大纸型 D 面

**材料**※尺寸：100/110/120/130/140/150cm
使用布（怀旧色牛仔布）110cm×135/155/165/175/185/200cm
另布（格子布）40cm×20cm
松紧带3cm×54/56/59/61/65/71cm
黏合衬4cm×40cm

**成品尺寸**
裤长：56/63.5/71/76/81.5/88.5cm

**缝制顺序**
**1**缝侧缝。
**2**带盖侧口袋的做法与缝法。
**3**缝下裆。
**4**缝上裆。
**5**裤腰折边缝合并穿松紧带。
**6**处理裤脚。

# 23 变化款 背带裤

作品★ P29 实物大纸型 D 面

**材料**※尺寸：100/110/120/130/140/150cm
使用布（靛蓝花式织物　圆点粗蓝布）110cm×150/165/180/190/210/215cm
松紧带3cm×54/56/59/61/65/71cm
蕾丝带2cm×140/150/160/165/175/185cm
黏合衬4cm×8cm

**成品尺寸**
裤长：46.5/53.5/61/66/71.5/77.5cm

**缝制顺序**
**1**在前裤片上做孔。
**2**缝侧缝至开衩止位。
**3**侧口袋的做法与缝法。
**4**缝下裆。
**5**缝上裆。
**6**裤腰折叠缝合。
**7**裤脚折二折并缝合。
**8**做裤脚的布带，从裤脚处穿过并系上。
**9**做背带缝到裤腰上。
**10**裤腰处穿松紧带。
★步骤**4**、**5**参照作品**22**（其中步骤**5**中不需要压线。）

## 〈22宽腿裤〉

### 裁剪图

使用布

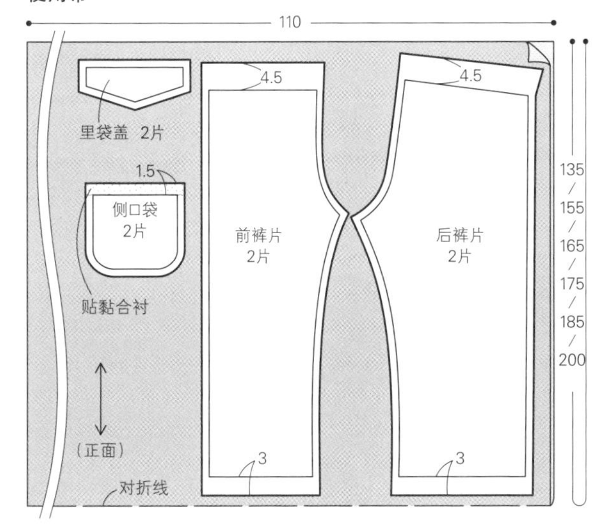


另布

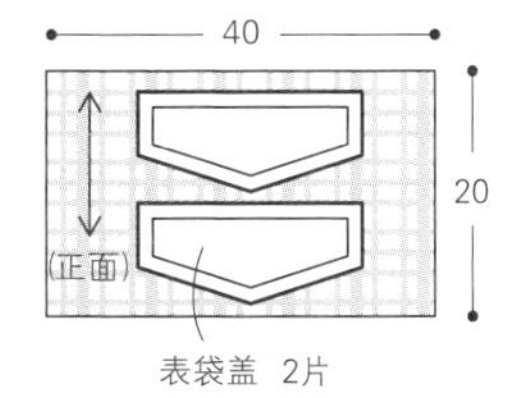


※尺寸：100/110/120/130/140cm
※除指定以外缝份均为1cm
※口袋口处贴黏合衬

缝制顺序

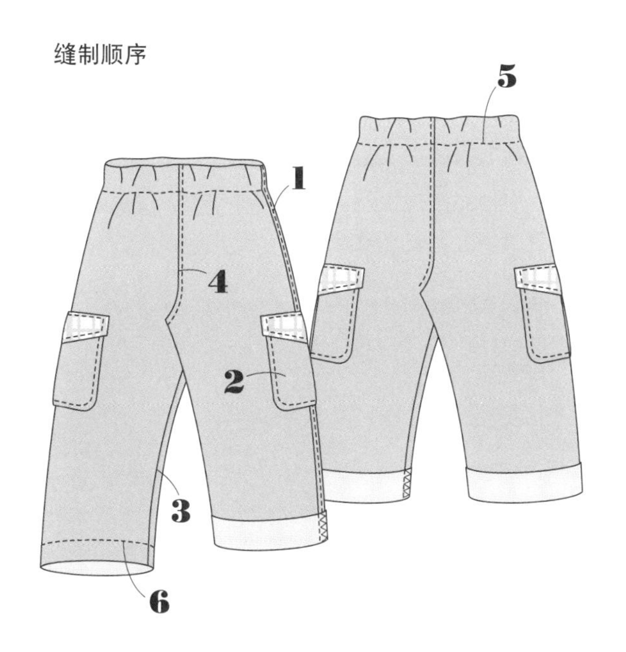

## 〈22 宽腿裤〉

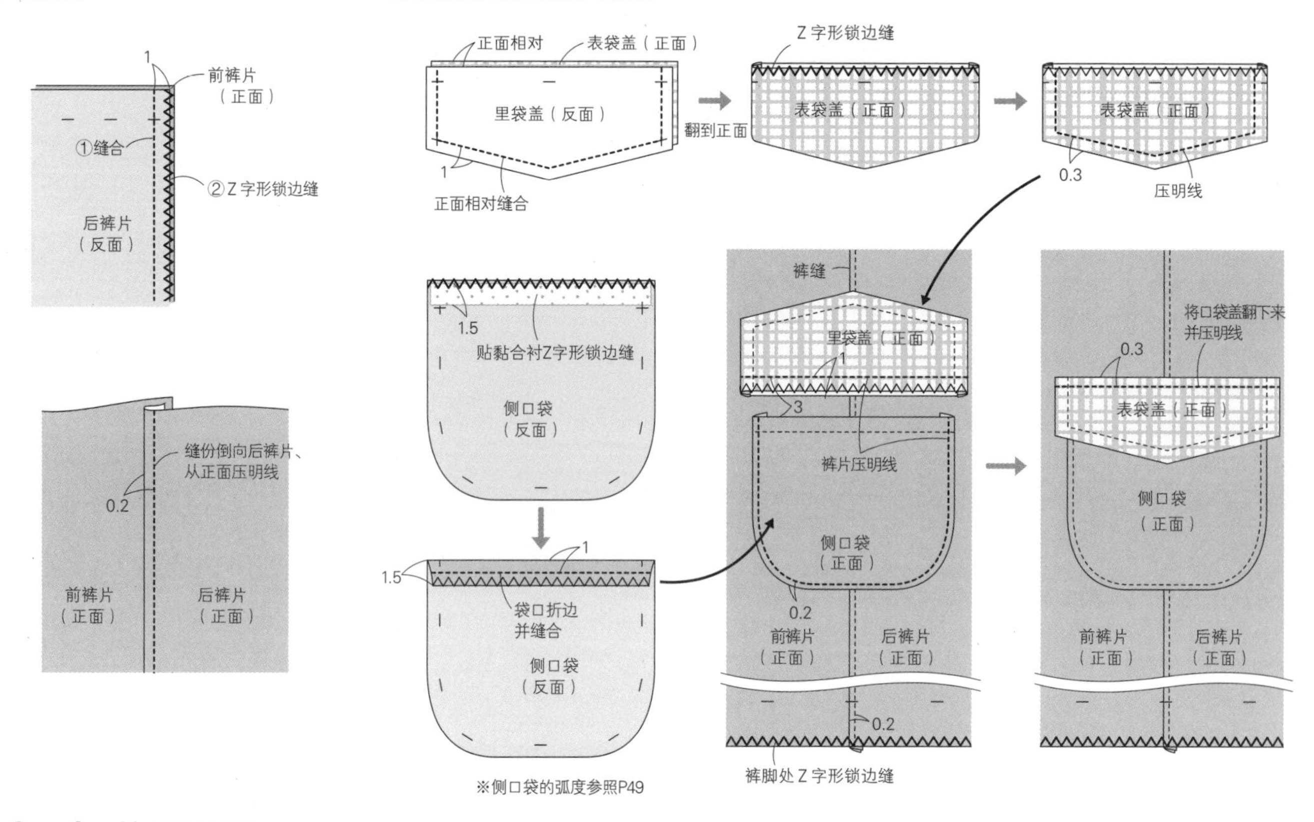


## 3、4、5 裤片的缝法

前裤片（正面）
1
后裤片（正面）
斜剪口
4
正面相对
前裤片
（反面）
后裤片
（反面）
③前、后裤片正面
相对缝上裆，2片
一起Z 字形锁边缝
①缝合
将下裆的缝
份交叉放倒
②Z 字形锁边缝

分开缝份压明线
0.5 0.5
左前裤片
（反面）
右前裤片
（反面）
⑤Z 字形锁边缝
右前裤片
（正面）
左前裤片
（正面）
④缝合
0.2

松紧带穿口
0.5
4.5
⑥裤腰折
边缝合
左前裤片
（反面）
右前裤片
（反面）

## 6 处理裤脚

3
2.5
裤脚折一折并压线

## 3 侧口袋的做法与缝法〈23〉※其他做法见 P 77

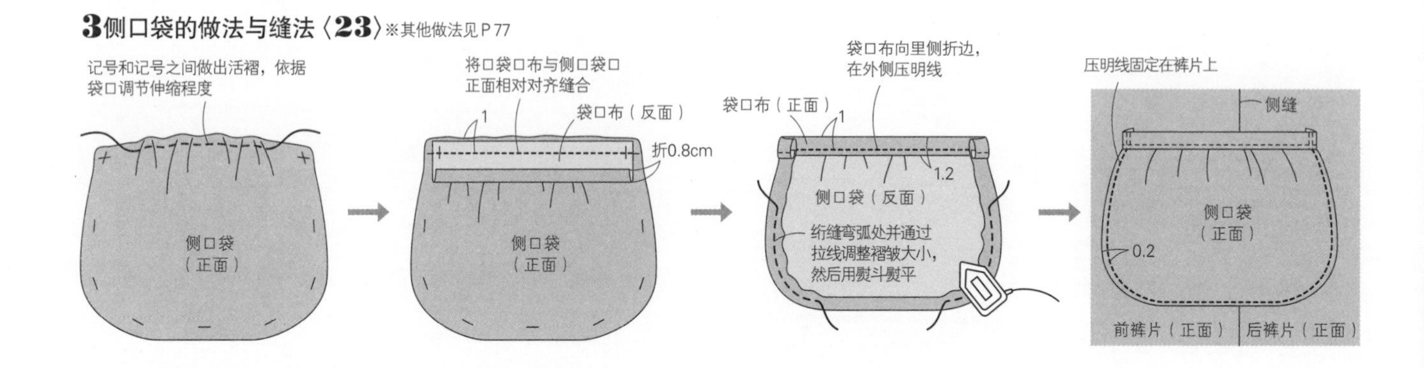

## 〈23背带裤〉

### 裁剪图

使用布

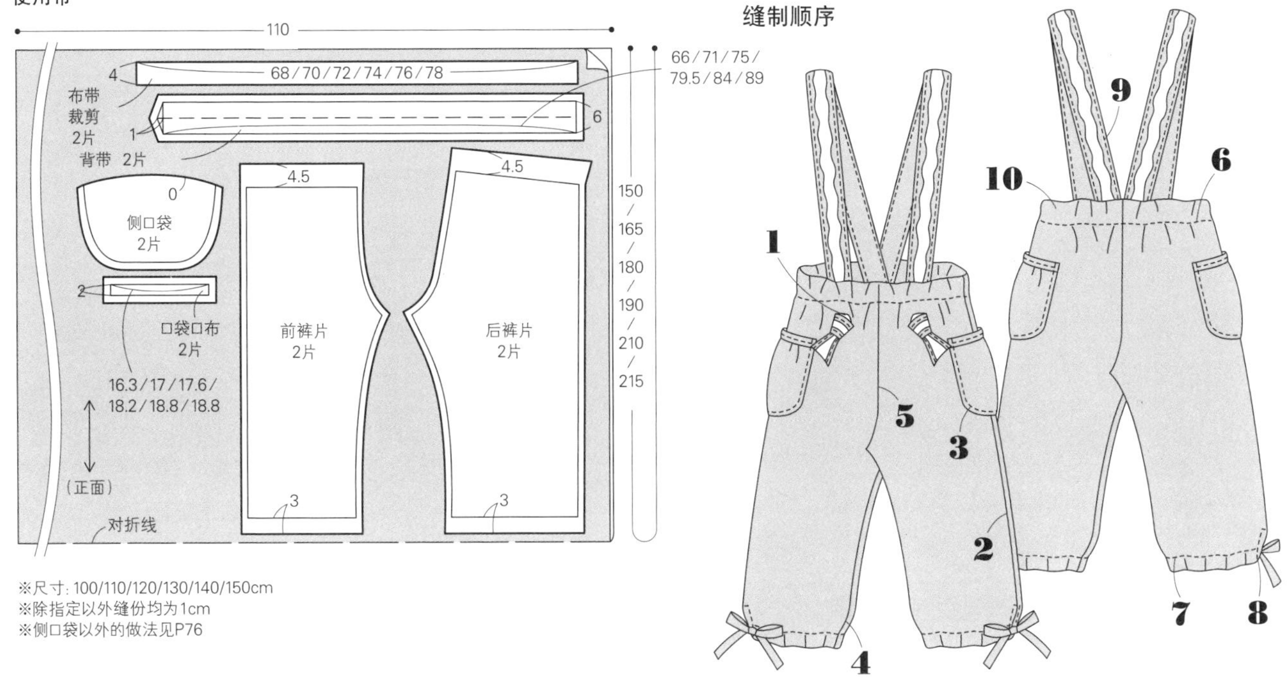


※尺寸：100/110/120/130/140/150cm

※除指定以外缝份均为1cm

※侧口袋以外的做法见P76

### 1 在前裤片上做孔

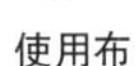

前裤片（反面）

裤缝

4

4

1.5

4

贴黏合衬、做孔

疏缝侧口袋位置

### 2 缝侧缝至开衩止位

裤片（反面）

侧缝开衩止位

③正面相对对齐缝侧缝，缝至侧缝开衩止位

7

①1片Z字形锁边缝

### 9 做背带缝到裤腰上

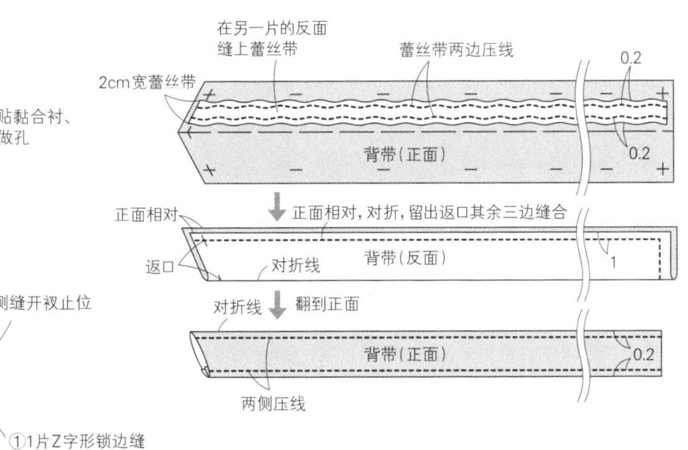


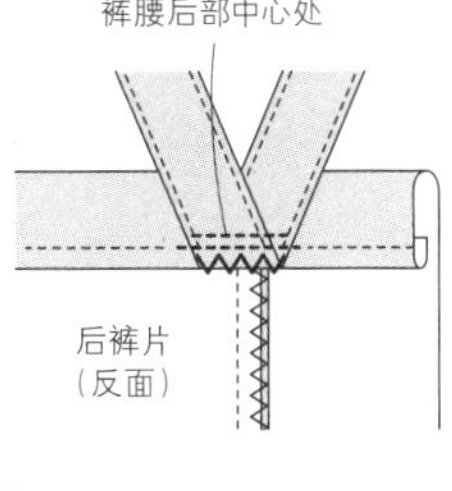


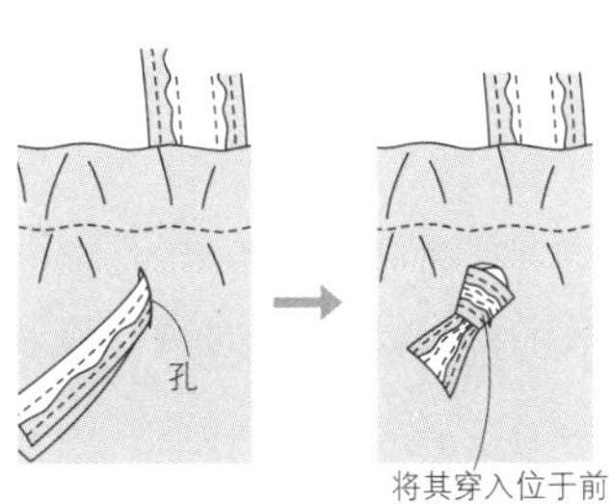


### 6 裤腰折叠缝合

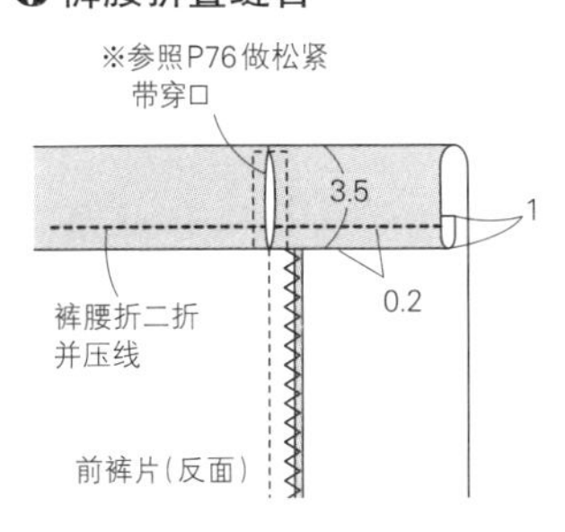


### 7 裤脚折二折并缝合

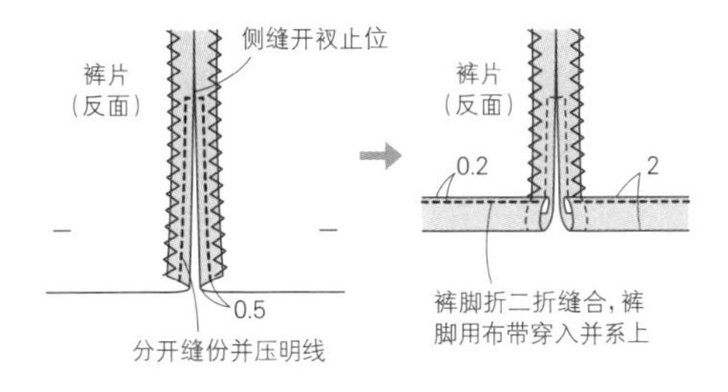


### 8 布带的做法

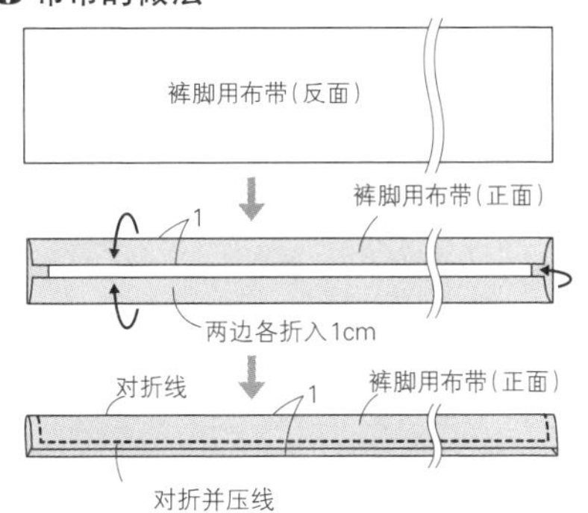

## 24 基本款 针织喇叭裤

作品★ P30　实物大纸型 D 面

**材料**※尺寸：100/110/120/130/140cm
使用布［牛仔针织布（饰边）］160cm ×75/80/85/95/100cm
另布（星星图案针织布）20cm×20cm
松紧带2cm×45/48/51/54/57cm

**成品尺寸**
裤长：57/63/69.5/76/82.5cm

**缝制顺序**
**1**后口袋的做法与缝制。**2**前口袋的做法与缝制。
**3**缝上裆。**4**缝侧缝。**5**缝下裆。
**6**将裤脚折一折并缝合。**7**将裤腰折边缝合，穿松紧带。
★步骤**3**、**5**参照P34～39裤子的做法(其中步骤**3**没有门襟贴边，步骤**3**、**4**、**5**没有压线）

## 25 变化款 针织荷叶边七分裤

作品★ P30　实物大纸型 D 面

**材料**※尺寸：100/110/120/130/140cm
使用布（顶级木纹 拔染圆点图案布）175cm×55/60/65/70/75cm
另布（圆点图案的棉布）110cm×25cm
松紧带2cm×45/48/51/54/57cm

**成品尺寸**
裤长：45.5/49.5/54.5/59.5/64.5cm

**缝制顺序**
**1**后口袋的做法与缝制。**2**缝上裆。
**3**缝侧缝。**4**做荷叶边。**5**缝下裆。
**6**做荷叶边并缝到裤脚处。
**7**折裤腰，缝合穿松紧带。
★除步骤**4**、**6**以外参照作品**24**的做法

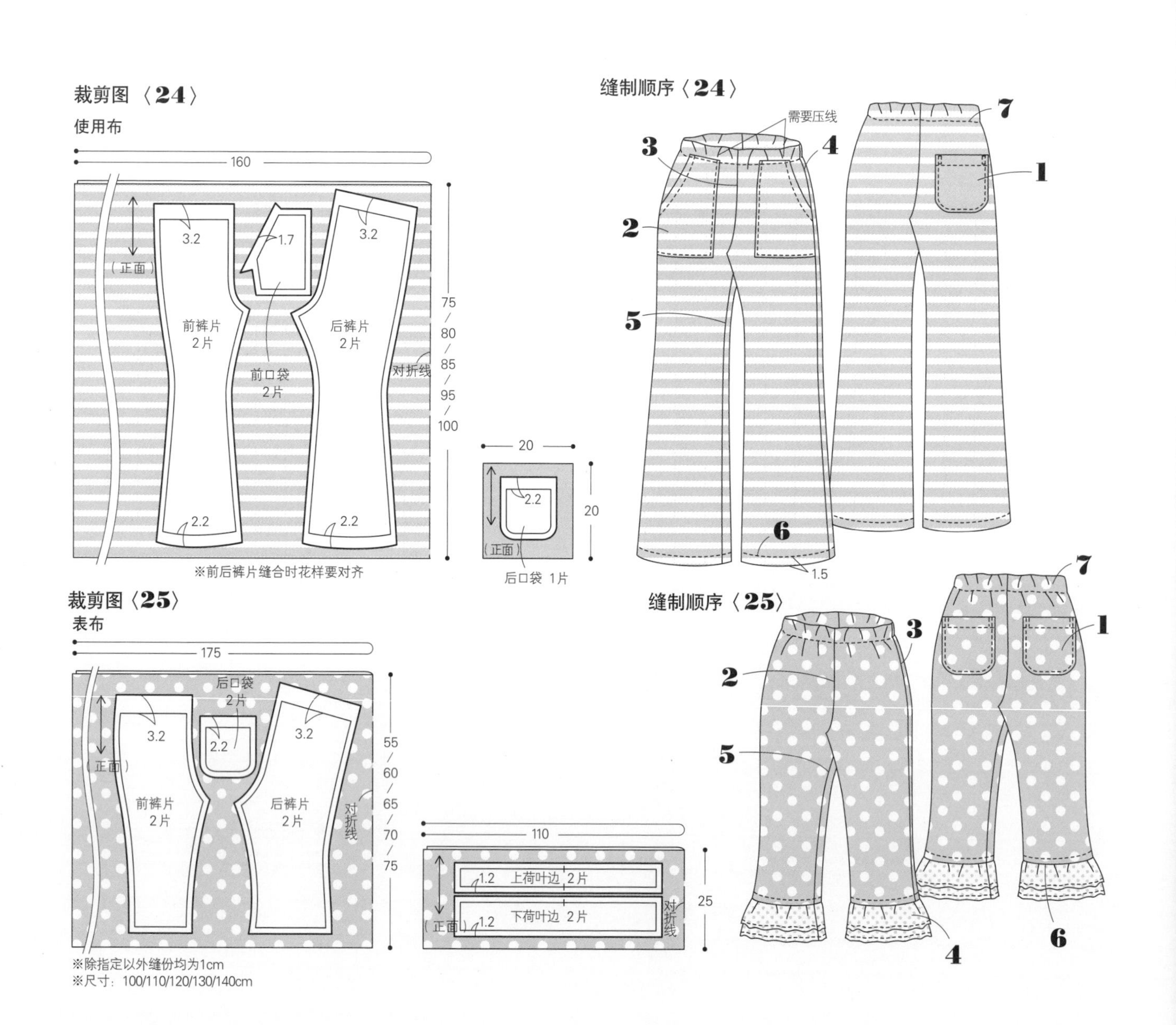

〈24、25〉

## 1 后口袋的做法与缝制

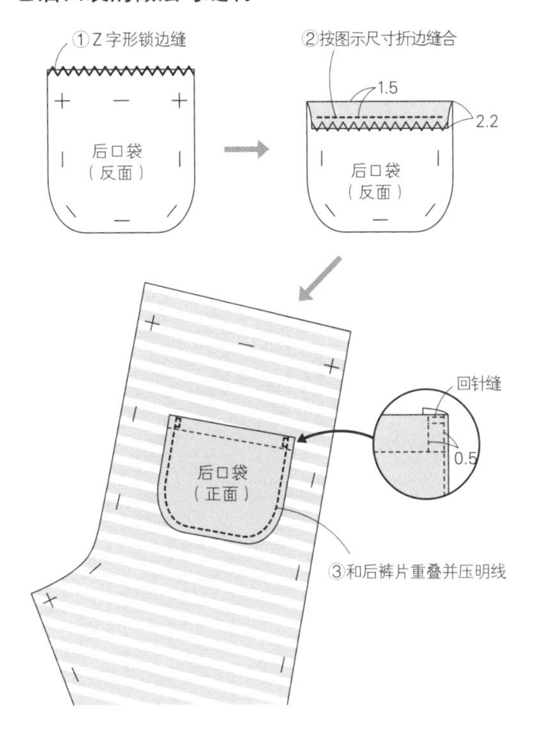


## 2 前口袋的做法与缝制

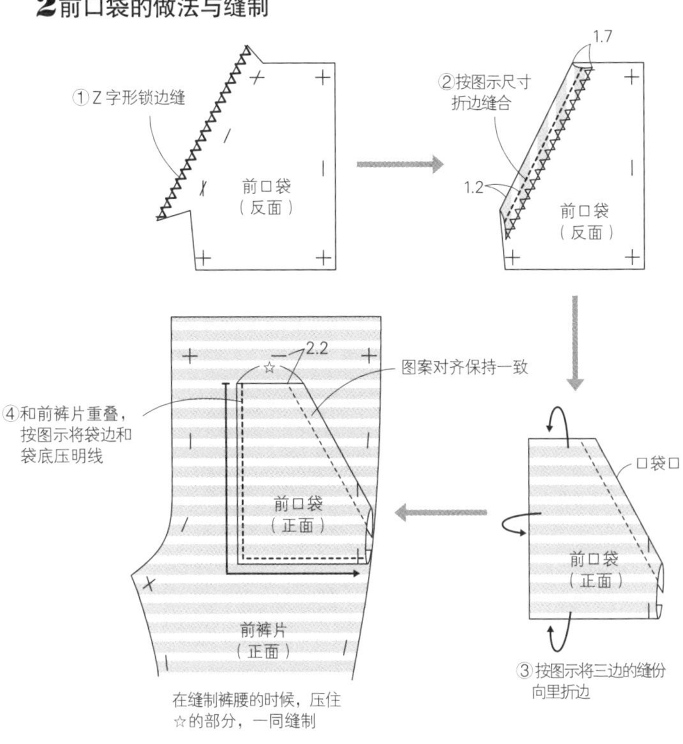


## 6 将裤脚折一折并缝合〈24〉

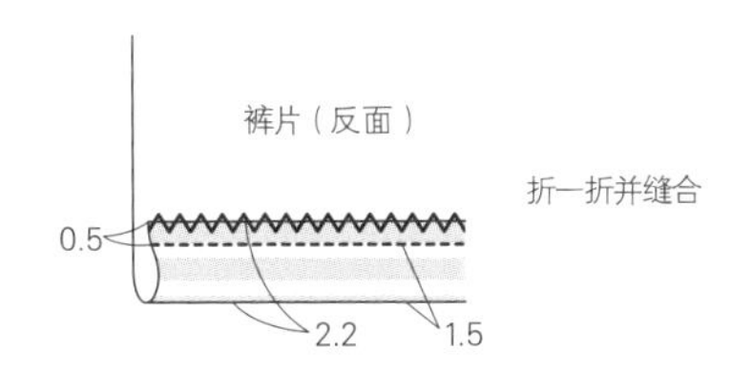


## 4、7 缝侧缝、将裤腰折边缝合，穿松紧带

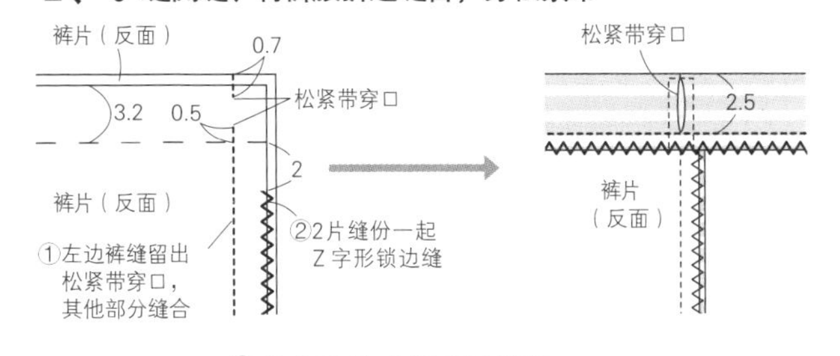


## 4 做荷叶边〈25〉

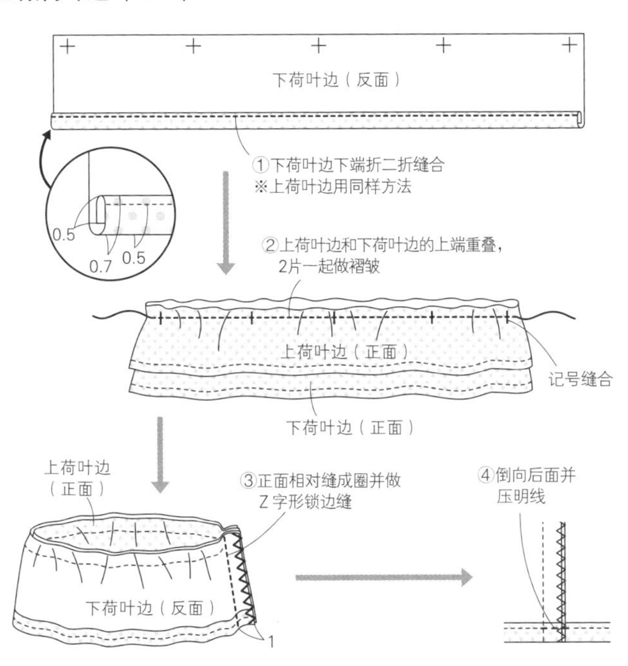


## 6 做荷叶边并缝到裤脚处

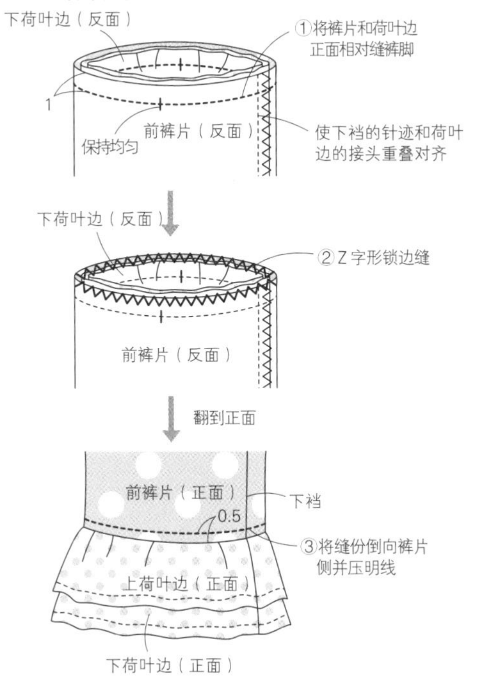

Photographers：JYUNICHI OKUGAWA,NORIAKIスパースMORIYA, KANA WATANABE,YUKI MORIMURA
Original Japanese edition published in Japan by NIHON VOGUE CO., LTD.,
Simplified Chinese translation rights arranged with BEIJING BAOKU INTERNATIONAL CULTURAL DEVELOPMENT Co., Ltd.


著作权合同登记号：图字16—2013—142

**图书在版编目(CIP)数据**

美好童年时光：妈妈给宝贝的25款时尚裤装和裙子/日本宝库社编著; 郭崇译. —郑州：河南科学技术出版社，2015.6
ISBN 978-7-5349-7765-7

Ⅰ.①美… Ⅱ.①日… ②郭… Ⅲ.①童服－服装裁缝 Ⅳ.①TS941.716.1

中国版本图书馆CIP数据核字(2015)第077847号

---

出版发行：河南科学技术出版社
地址：郑州市经五路66号　邮编：450002
电话：（0371）65737028　65788613
网址：www.hnstp.cn
策划编辑：刘　欣
责任编辑：刘　瑞
责任校对：张小玲
封面设计：张　伟
责任印制：张艳芳
印　　刷：北京盛通印刷股份有限公司
经　　销：全国新华书店
幅面尺寸：213 mm × 285 mm　印张：5　字数：130千字
版　　次：2015年6月第1版　2015年6月第1次印刷
定　　价：39.00元

---

如发现印、装质量问题，影响阅读，请与出版社联系并调换。